电工与电子技术
实验指导书
（第2版）

宋晓华　蒙志强　卢从娟●编著

人民交通出版社股份有限公司
北 京

内 容 提 要

本书包含了电工与电子技术类的33个实验及部分电子工艺实践相关内容,分别与电路原理、模拟电子技术、数字电子技术等课程内容对应。实验内容分验证性、设计性、综合性和研究性等不同层次,使读者不仅能够掌握基本知识,还能够对所学知识有所思考和运用,使学习能力得到提升。实验设计注重对读者提出问题、解决问题能力的培养,对充分发挥学生的主观能动性和培养学生的动手能力有积极作用。

本书可作为高等院校工科专业本科实验教材,也可作为从事电子技术工作人员的参考用书。

图书在版编目(CIP)数据

电工与电子技术实验指导书 / 宋晓华,蒙志强,卢从娟编著. — 2版. — 北京:人民交通出版社股份有限公司,2020.9
 ISBN 978-7-114-16801-7

Ⅰ. ①电… Ⅱ. ①宋… ②蒙… ③卢… Ⅲ. ①电工技术—实验—教学参考资料②电子技术—实验—教学参考资料 Ⅳ. ①TM-33②TN-33

中国版本图书馆 CIP 数据核字(2020)第 158172 号

Diangong yu Dianzi Jishu Shiyan Zhidaoshu

书　　名:	电工与电子技术实验指导书(第2版)	
著 作 者:	宋晓华　蒙志强　卢从娟	
责任编辑:	周　凯　郭红蕊	
责任校对:	席少楠	
责任印制:	刘高彤	
出版发行:	人民交通出版社股份有限公司	
地　　址:	(100011)北京市朝阳区安定门外外馆斜街3号	
网　　址:	http://www.ccpcl.com.cn	
销售电话:	(010)59757973	
总 经 销:	人民交通出版社股份有限公司发行部	
经　　销:	各地新华书店	
印　　刷:	北京武英文博科技有限公司	
开　　本:	787×1092　1/16	
印　　张:	8.75	
字　　数:	207 千	
版　　次:	2016 年 6 月　第 1 版　2020 年 9 月　第 2 版	
印　　次:	2020 年 9 月　第 2 版　第 1 次印刷　总第 3 次印刷	
书　　号:	ISBN 978-7-114-16801-7	
定　　价:	29.00 元	

第 2 版前言

实验是学习电工学及电子技术课程的一个重要环节,对巩固和加深课堂教学内容、提高学生的实际动手能力、培养科学的工作作风和为从事实践技术工作奠定基础有非常重要的作用。为此,根据教学需求,我们及时对《电子与电子技术实验指导书》进行修订再版。因该书涉及的知识面较宽,在内容的编排上,尽量遵循由浅入深、由易到难的学习规律。本书包含了电工电子类 33 个实验以及电子工艺实践相关内容,分别与电路原理、模拟电子技术、数字电子技术等课程内容对应,其中既有常用仪器仪表的使用和测试方面的使用指导,也有对基本原理的简单验证,还有需要对理论知识综合设计和研究方面的实验内容,实验内容满足了不同层次实验要求。实验设计注重培养读者独立思考能力,实验报告要求采用启发式引导,对充分发挥学生的主观能动性有积极作用。

考虑到电工学及电子技术课程各部分内容的特点和实验室现有的仪器设备状况,在做实验时将电路原理、模拟电子技术和数字电子技术部分实验,分别安排在电工技术实验装置、模拟电路实验箱和数学电路实验箱上完成。本书提供的 33 个实验项目及电子工艺实践相关内容,可供有关专业的技术基础课实验选择。

由于编者水平有限,且时间仓促,在书中难免有不妥之处,恳请广大师生批评指正。

编　者
2020 年 5 月

实验课要求

1. 每位学生必须按规定完成实验课,因故不能参加实验者,应于课前向指导教师请假(必须经有关领导批准)。对所缺实验要在期末电工学课考试规定时间内补齐,缺实验者不得参加电工学期末考试。

2. 每次实验课前,必须做预习,弄清实验题目、目的、内容、步骤和操作过程,以及记录参数等。写出实验预习报告,在实验前摆在实验桌上,供指导教师检查,并接受指导教师的提问。对不写预习报告又回答不出问题者,不准参加实验。

3. 每次实验课前,学生必须提前 5min 进入实验室,找好座位,检查所需实验设备,做好实验前的准备工作。

4. 做实验前,首先要确定好实验电路所需电源的性质、极性、大小、测试仪表的量程等,了解实验设备的铭牌数据,以免出现错误、损坏设备。

5. 实验室内设备不准任意搬动和调换,非本次实验所用仪器设备,未经实验指导教师允许不得动用。

6. 要注意测试仪表和设备的正确使用方法。每次实验前,根据实验中所使用的设备情况,了解设备的原理和使用方法。在没有弄懂仪器设备的使用方法前,不得贸然使用,否则后果自负。

7. 要求每位学生在实验过程中,要具有严谨的学习态度,认真、踏实、一丝不苟的科学作风。坚持每次实验都要亲自动手,不可由同组同学代为实验。实验小组内要轮流进行接线、操作和记录等工作。无特殊原因,中途不得退出实验,否则本次实验无效。

8. 实验过程中,如出现事故马上关断电源开关,然后找实验指导教师,如实反映事故情况,并分析原因和处理事故。如有损坏仪表和设备应马上提出,按有关规定处理。实验室要保持安静、整洁的环境。

9. 每次实验结束,实验数据和结果要经实验指导教师核查,确认正确无误后方可拆线。整理好实验台和周围卫生,填写上课情况登记表后,方可离开实验室。

10. 实验课后,每位学生必须按实验指导书的要求,独立编写实验报告,不得抄袭或借用他人的实验数据,实验报告上要注明同组同学的姓名,并在下次实验课前交给实验指导教师,以供批阅。

实验安全用电规则

　　安全用电是实验中始终需要注意的重要事项。为了顺利完成实验,确保人身和设备的安全,在做电工实验时,必须严格遵守下列安全用电规则。

　　1. 实验中的接线、改接、拆线都必须在切断电源的情况下进行(包括安全电压),线路连接完毕再送电。

　　2. 在电路通电情况下,人体严禁接触电路中不绝缘的金属导线和带电连接点。万一遇到触电事故,应立即切断电源,保证人身安全。

　　3. 实验中,特别是当设备刚投入运行时,要随时注意仪器设备的运行情况,如发现有超量程、过热、异味、冒烟、火花等情况,应立即断电,并请指导老师查找原因。

　　4. 实验时应精力集中,同组者必须密切配合,接通电源前必须通知同组同学,以防止触电事故发生。

　　5. 了解有关电气设备的规格、性能及使用方法,严格按要求操作。注意仪表仪器的种类、量程和连接方法,保证设备安全。

目　　录

实验一　基本电工仪表的使用与测量误差的计算 ……………………………………………… 1

实验二　减小仪表测量误差的方法 ……………………………………………………………… 5

实验三　常用电子仪器仪表的使用 ……………………………………………………………… 9

实验四　基尔霍夫定律的验证 …………………………………………………………………… 14

实验五　叠加原理的验证 ………………………………………………………………………… 16

实验六　电压源与电流源的等效变换 …………………………………………………………… 19

实验七　戴维南定理 ……………………………………………………………………………… 23

实验八　受控源电压控制电压源（VCVS）、电压控制电流源（VCCS）、电流控制
　　　　电压源（CCVS）、电流控制电流源（CCCS）的实验研究 ………………………… 27

实验九　RC 一阶电路的响应测试 ……………………………………………………………… 34

实验十　正弦稳态交流电路相量的研究 ………………………………………………………… 37

实验十一　RLC 串联谐振电路的研究 ………………………………………………………… 41

实验十二　三相交流电路电压、电流的测量 …………………………………………………… 44

实验十三　晶体管共射极单管放大器实验 ……………………………………………………… 47

实验十四　场效应管放大器 ……………………………………………………………………… 50

实验十五　负反馈放大器实验 …………………………………………………………………… 53

实验十六　射极跟随器实验 ……………………………………………………………………… 56

实验十七　差动放大器实验 ……………………………………………………………………… 58

实验十八　比例求和运算电路 …………………………………………………………………… 60

实验十九　低频功率放大器 ……………………………………………………………………… 63

实验二十　整流、滤波与稳压电路 ……………………………………………………………… 65

实验二十一　晶闸管可控整流电路 ……………………………………………………………… 68

实验二十二　门电路逻辑功能及测试 …………………………………………………………… 72

实验二十三　组合逻辑电路分析 ………………………………………………………………… 74

实验二十四　3/8 译码器实验 …………………………………………………………………… 76

实验二十五　LED 译码器实验 …………………………………………………………………… 79

实验二十六　四位二进制全加器实验 …………………………………………………………… 81

实验二十七　数据选择器实验 …………………………………………………………………… 83

实验二十八　触发器实验 ………………………………………………………………………… 85

实验二十九　移位寄存器实验 ………………………………………………… 87

实验三十　计数器实验 ……………………………………………………… 89

实验三十一　减法计数器实验 ……………………………………………… 91

实验三十二　电子秒表(设计性实验) ……………………………………… 94

实验三十三　六人智力抢答(设计性实验) ……………………………… 95

附录一　单、三相智能功率、功率因数表使用说明书 ……………………… 96

附录二　用万用电表对常用电子元器件检测 ……………………………… 99

附录三　电阻器的标称值及精度色环标志法 ……………………………… 102

附录四　放大器干扰、噪声抑制和自激振荡的消除 ……………………… 104

附录五　芯片管脚及功能介绍 …………………………………………… 107

附录六　AD18 安装教程 …………………………………………………… 114

附录七　AD18 设计参考电路图 …………………………………………… 118

附录八　电子元器件焊接工艺规范 ……………………………………… 125

附录九　智能抢答器设计 ………………………………………………… 127

附录十　实习报告示例 …………………………………………………… 130

实验一　基本电工仪表的使用与测量误差的计算

一、实验目的

1. 熟悉实验装置上各类测量仪表的布局。
2. 熟悉实验装置上各类电源的布局及使用方法。
3. 掌握电压表、电流表内电阻的测量方法。
4. 熟悉电工仪表测量误差的计算方法。

二、原理说明

1. 为了准确地测量电路中实际的电压和电流,必须保证仪表接入电路后不会改变被测电路的工作状态,这就要求电压表的内阻为无穷大、电流表的内阻为零,而实际使用的电工仪表都不能满足上述要求。因此,一旦测量仪表接入电路,会改变电路原有的工作状态,就会导致仪表的读数值与电路原有的实际值之间出现误差,这种测量误差值的大小与仪表本身内阻值的大小密切相关。

2. 本实验采用"分流法"测量电流表的内阻,如图 1-1 所示。

A 为被测内阻(R_A)的直流电流表,测量时先断开开关 S,调节直流恒流源的输出电流 I 使表 A 指针满偏转,然后合上开关 S,并保持 I 值不变,调节电阻箱 R_B 的阻值,使电流表的指针指在 1/2 满偏转位置,此时有 $I_A = I_S = \dfrac{I}{2}$,所以:

$$R_A = R_B \,/\!/\, R_1$$

R_1 为固定电阻器之值,R_B 由可调电阻箱的刻度盘上读得。R_1 与 R_B 并联,且 R_1 选用小阻值电阻,R_B 选用较大电阻,则阻值调节可比单只电阻箱更为细微、平滑。

3. 采用"分压法"测量电压表的内阻,如图 1-2 所示。

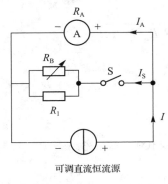

图 1-1 "分流法"测量电流表内阻

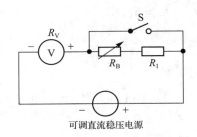

图 1-2 "分压法"测量电压表内阻

V 为被测内阻(R_V)的电压表,测量时先将开关 S 闭合,调节直流稳压电源的输出电压,使电压表 V 的指针为满偏转。然后断开开关 S,调节 R_B 阻值使电压表 V 的指示值减半。此时有:

$$R_V = R_B + R_1$$

电压表的灵敏度为:

$$S = \frac{R_V}{U} \quad (\Omega / V)$$

4. 仪表内阻引入的测量误差(通常称为方法误差,而仪表本身构造上引起的误差称为仪表基本误差)的计算。

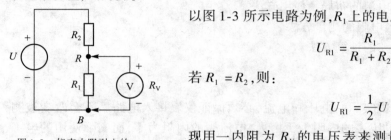

图 1-3　仪表内阻引入的测量误差的计算

以图 1-3 所示电路为例,R_1 上的电压为:

$$U_{R1} = \frac{R_1}{R_1 + R_2} U$$

若 $R_1 = R_2$,则:

$$U_{R1} = \frac{1}{2} U$$

现用一内阻为 R_V 的电压表来测量 U_{R1} 值,当 R_V 与 R_1 并联,$R_{AB} = \dfrac{R_V R_1}{R_V + R_1}$,以此来替代上式中的 R_1,则:

$$U'_{R1} = \frac{\dfrac{R_V R_1}{R_V + R_1}}{\dfrac{R_V R_1}{R_V + R_1} + R_2} U$$

绝对误差为:

$$\Delta U = U'_{R1} - U_{R1} = U \left(\frac{\dfrac{R_V R_1}{R_V + R_1}}{\dfrac{R_V R_1}{R_V + R_1} + R_2} - \frac{R_1}{R_1 + R_2} \right)$$

化简后得:

$$\Delta U = \frac{- R_1^2 R_2 U}{R_V (R_1^2 + 2 R_1 R_2 + R_2^2) + R_1 R_2 (R_1 + R_2)}$$

若 $R_1 = R_2 = R_V$,则:

$$\Delta U = - \frac{U}{6}$$

相对误差为:

$$\Delta U\% = \frac{U'_{R1} - U_{R1}}{U_{R1}} \times 100\% = \frac{-U/6}{U/2} \times 100\% = -33.3\%$$

三、实验设备

实验设备见表1-1。

实 验 设 备 记 录　　　　　　　　　　　　　　表1-1

序　号	名　　称	型号与规格	数　量	备　注
1	可调直流稳压电源	0～30V	1	
2	可调直流恒流源	0～200mA	1	
3	万用电表	FM-47 或其他	1	
4	可调电阻箱	0～99999.9Ω	1	DGJ-05
5	电阻器		若干	DGJ-05

四、实验内容

1. 根据"分流法"原理(图1-1)测定 FM-47 型(或其他型号)万用电表直流 0.5mA 和 5mA 挡量限的内阻,记入表1-2。

分流法测量万用电表内阻记录　　　　　　　　　　表1-2

被测电流表量限	S 断开时表读数 (mA)	S 闭合时表读数 (mA)	R_B (Ω)	R_1 (Ω)	计算内阻 R_A (Ω)
0.5mA					
5mA					

2. 根据"分压法"原理(图1-2)接线,测定万用电表直流电压 2.5V 和 10V 挡量限的内阻,记入表1-3。

分压法测量万用电表内阻记录　　　　　　　　　　表1-3

被测电压表量限	S 闭合时表读数 (V)	S 断开时表读数 (V)	R_B (kΩ)	R_1 (kΩ)	计算内阻 R_A (kΩ)	S (Ω/V)
2.5V						
10V						

3. 用万用电表直流电压 10V 挡量限测量图 1-3 电路中 R_1 上的电压 U_{R1} 之值,并计算测量的绝对误差与相对误差,记入表1-4。

U、R 值及误差记录表　　　　　　　　　　表1-4

U	R_2	R_1	R_{10V} (kΩ)	计算值 U_{R1} (V)	实测值 U'_{R1} (V)	绝对误差	相对误差
10V	10kΩ	20kΩ					

五、实验注意事项

1. 控制屏提供所有实验的电源,直流稳压源和直流恒流源均可通过粗调(分段调)旋钮和细调(连续调)旋钮调节其输出量,并由指针式电压表和毫安表显示其输出量的大小。启动实验装置电源之前,应使其输出旋钮置于零位,实验时再缓慢地增、减输出。

2. 稳压源的输出不允许短路,恒流源的输出不允许开路。

3. 电压表应与电路并联使用,电流表与电路串联使用,并且都要注意极性与量限的合理选择。

六、预习思考题

1. 根据实验内容 1 和 2,若已求出 0.5mA 挡和 2.5V 挡的内阻,可否直接计算得出 5mA 挡和 10V 挡的内阻?

2. 用量限为 10A 的电流表测实际值为 8A 的电流时,实际读数为 8.1A。求测量的绝对误差和相对误差。

3. 图 1-4a)、b)所示为"伏安法"测量电阻的两种电路,被测电阻的实际阻值为 R_X,电压表的内阻为 R_V,电流表的内阻为 R_A,求两种电路测量电阻 R_X 的相对误差。

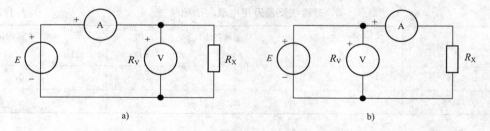

图 1-4 "伏安法"测量电阻电路图

七、实验报告

1. 列表记录实验数据,并计算各被测仪表的内阻值。
2. 计算实验内容 3 的绝对误差与相对误差。
3. 对思考题的计算。
4. 心得体会及其他。

实验二　减小仪表测量误差的方法

一、实验目的

1. 进一步了解电压表、电流表的内阻在测量过程中产生的误差及其分析方法。
2. 掌握减小因仪表内阻引起测量误差的方法。

二、原理说明

减小因仪表内阻所产生测量误差的方法如下。

1. 不同量限两次测量计算法。

当电压表的灵敏度不够高或电流表的内阻太大时,可利用多量限仪表对同一被测量用不同量限进行两次测量,所得读数经计算后可得到准确的结果。

如图 2-1 所示电路,欲测量具有较大内阻 R_0 的电动势 E 的开路电压 U_0 时,如果所用电压表的内阻 R_V 与 R_0 相差不大的话,将会产生很大的测量误差。

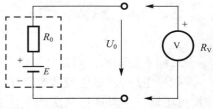

图 2-1　电压表测量电路

设电压表有两挡量限,U_1、U_2 分别为在这两个不同量限下测得的开路电压值,令 R_{V1} 和 R_{V2} 分别为这两个相应量限的内阻,则由图 2-1 可得:

$$U_1 = \frac{R_{V1}}{R_0 + R_{V1}} \times E \tag{2-1}$$

$$U_2 = \frac{R_{V2}}{R_0 + R_{V2}} \times E \tag{2-2}$$

由式(2-1)得:

$$R_0 = \frac{R_{V1} \times E}{U_1} - R_{V1} = R_{V1} \left(\frac{E}{U_1} - 1 \right) \tag{2-3}$$

将式(2-3)代入式(2-2)可得:

$$E = \frac{U_2 (R_0 + R_{V2})}{R_{V2}} = \frac{U_2 \left(\dfrac{R_{V1} \times E}{U_1} - R_{V1} + R_{V2} \right)}{R_{V2}}$$

从中解得 E,经化简后得:

$$E = U_0 = \frac{U_1 U_2 (R_{V2} - R_{V1})}{U_1 R_{V2} - U_2 R_{V1}} \tag{2-4}$$

由式(2-4)可知,不论电源内阻 R_0 相对电压表的内阻 R_V 有多大,通过上述的两次测量结果,经计算后可较准确地测量出开路电压 U_0 的大小。

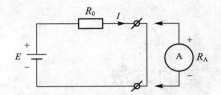

图 2-2 电流表测量电路

对于电流表,当其内阻较大时,也可用类似的方法测得准确的结果。如图 2-2 所示电路,不接入电流表时的电流为:

$$I = \frac{E}{R_0}$$

接入内阻为 R_A 的电流表 A 时,电路中的电流变为:

$$I' = \frac{E}{R_0 + R_A}$$

如果 $R_A = R_0$,则 $I' = \frac{I}{2}$,出现很大的误差。

如果用有不同内阻 R_{A1}、R_{A2} 的两挡量限的电流表作两次测量并经简单的计算就可得到较准确的电流值。

按图 2-2 电路,两次测量得:

$$I_1 = \frac{E}{R_0 + R_{A1}}$$

$$I_2 = \frac{E}{R_0 + R_{A2}}$$

解得:

$$I = \frac{E}{R_0} = \frac{I_1 I_2 (R_{A1} - R_{A2})}{I_1 R_{A1} - I_2 R_{A2}}$$

2. 同一量限两次测量计算法。

如果电压表(或电流表)只有一挡量限,且电压表的内阻较小(或电流表的内阻较大)时,可用同一量限进行两次测量法减小测量误差。其中,第一次测量与一般的测量并无两样,只是在进行第二次测量时在电路中串入一个已知阻值的附加电阻。

(1)电压测量——测量如图 2-3 所示电路的开路电压 U_0。

第一次测量,电压表的读数为 U_1(设电压表的内阻为 R_V),第二次测量时应与电压表串接一个已知阻值的电阻 R,电压表读数为 U_2,由图可知:

$$U_1 = \frac{R_V}{R_0 + R_V}E \qquad U_2 = \frac{R_V}{R_0 + R_V + R}E$$

解上两式,可得:

$$E = U_0 = \frac{R U_1 U_2}{R_V (U_1 - U_2)}$$

(2)电流测量——测量如图 2-4 所示电路的电流 I。

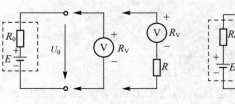

图 2-3　电压表测量电路

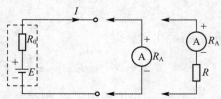

图 2-4　电流表测量电路

第一次测量电流表的读数为 I_1（设电流表的内阻为 R_A）；第二次测量时应与电流表串接一个已知阻值的电阻 R，电流表读数为 I_2，由图 2-4 可知：

$$I_1 = \frac{E}{R_0 + R_A} \qquad I_2 = \frac{E}{R_0 + R_A + R}$$

解得：

$$I = \frac{E}{R_0} = \frac{I_1 I_2 R}{I_2(R_A + R) - I_1 R_A}$$

由上分析可知，采用多量限仪表两次测量法或单量限仪表两次测量法，不管电表内阻如何，总可以通过两次测量和计算得到比单次测量准确得多的结果。

三、实验设备

实验设备见表 2-1。

实 验 设 备 记 录 表 2-1

序　　号	名　　　称	型号与规格	数　　量	备　　注
1	可调直流稳压电源	$0 \sim 30V$	1	
2	万用电表	FM-47 型或其他	1	
3	可调电阻箱	$0 \sim 99\ 999.9\Omega$	1	DGJ-05
4	电阻器	$6.2k\Omega$、$8.2k\Omega$、$10k\Omega$、$20k\Omega$、$100k\Omega$ 等		DGJ-05

四、实验内容

1. 双量限电压表两次测量法。

按图 2-3 电路接线，取 $E = 3V$，$R_0 = 20k\Omega$。

用万用电表的直流电压 2.5V 和 10V 两挡量限进行两次测量，最后算出开路电压 U_0 之值，记入表 2-2。

电压值记录表（一） 表 2-2

万用电表电压量限	双量限内阻值（kΩ）	两个量限测量值（V）	开路电压实际值（V）	两次测量计算值（V）	绝对误差 ΔU（V）	相对误差 $\Delta U / U \times 100\%$
2.5V						
10V						

$R_{2.5V}$ 和 R_{10V} 参照实验一的结果。

2. 单量限电压表两次测量法。

实验线路如图 2-3 所示，用上述万用电表直流电压 2.5V 量限挡串接 $R = 10k\Omega$ 的附加电阻器进行两次测量，计算开路电压 U_0 之值，记入表 2-3。

电压值记录表（二） 表 2-3

开路电压实际值	两次测量值		测量计算值	绝对误差	相对误差
U_0（V）	U_1（V）	U_2（V）	U'_0（V）	ΔU（V）	$\Delta U / U \times 100\%$
3					

3. 双量限电流表两次测量法。

按图 2-4 电路接线,取 $E = 3V$,$R_0 = 6.2k\Omega$,用万用电表 0.5mA 和 5mA 两挡电流量限进行两次测量,计算出电路中电流值 I,记入表 2-4。

电流值记录表(一)   表 2-4

万用电表电流量限	双量限内阻值(Ω)	两个量限测量值(mA)	电流实际值(mA)	两次测量计算值(mA)	绝对误差 ΔI	相对误差 $\Delta I/I \times 100\%$
0.5mA						
5mA						

$R_{0.5mA}$ 和 R_{5mA} 参照实验一的结果。

4. 单量限电流表两次测量法。

实验线路如图 2-4 所示,用万用电表 0.5mA 电流量限,串联附加电阻 $R = 8.2k\Omega$ 进行两次测量,求出电路中的实际电流 I 之值,记入表 2-5。

电流值记录表(二)   表 2-5

电流实际值 I(mA)	两次测量值 I_1(mA)	两次测量值 I_2(mA)	测量计算值 I'(mA)	绝对误差 ΔI	相对误差 $\Delta I/I \times 100\%$

五、实验注意事项

同实验一。

六、实验报告

1. 完成各项实验内容的计算。
2. 实验的收获与体会。

实验三　常用电子仪器仪表的使用

一、实验目的

1. 学习电子电路实验中常用的电子仪器——示波器、函数信号发生器、直流稳压电源、交流毫伏表、频率计等的主要技术指标、性能及正确使用方法。

2. 初步掌握用双踪示波器观察正弦信号波形和读取波形参数的方法。

二、原理说明

在模拟电子电路实验中,经常使用的电子仪器有示波器、函数信号发生器、直流稳压电源、交流毫伏表及频率计等。它们和万用电表一起,可以完成对模拟电子电路的静态和动态工作情况的测试。

实验中要对各种电子仪器进行综合使用,可按照信号流向,以连线简洁、调节顺手、观察与读数方便等原则进行合理布局,各仪器与被测实验装置之间的布局与连接如图 3-1 所示。接线时应注意,为防止外界干扰,各仪器的公共接地端应连接在一起,称之为共地。信号源和交流毫伏表的引线通常用屏蔽线或专用电缆线,示波器接线使用专用电缆线,直流电源的接线用普通导线。

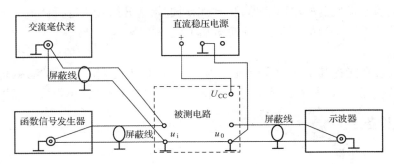

图 3-1　电子电路中常用电子仪器布局图

1. 示波器。

示波器是一种用途很广的电子测量仪器,它既能直接显示电信号的波形,又能对电信号进行各种参数的测量。现着重指出下列几点。

(1) 寻找扫描光迹。将示波器 Y 轴显示方式置"Y_1"或"Y_2",输入耦合方式置"GND"。开机预热后,若在显示屏上不出现光点和扫描基线,可按下列操作去找到扫描线:①适当调节亮度旋钮;②触发方式开关置"自动";③适当调节垂直(↑↓)、水平(⇄)"位移"旋钮,使扫描光迹位于屏幕中央(若示波器设有"寻迹"按键,可按下"寻迹"按键,判断光迹偏移基线的方向)。

（2）双踪示波器一般有 5 种显示方式，即"Y_1""Y_2""$Y_1 + Y_2$"三种单踪显示方式和"交替""断续"两种双踪显示方式。"交替"显示一般在输入信号频率较高时使用。"断续"显示一般在输入信号频率较低时使用。

（3）为了显示稳定的被测信号波形，"触发源选择"开关一般选为"内"触发，使扫描触发信号取自示波器内部的 Y 通道。

（4）触发方式开关通常先置于"自动"，调出波形后，若显示的波形不稳定，可置触发方式开关于"常态"，通过调节"触发电平"旋钮找到合适的触发电压，使被测试的波形稳定地显示在示波器屏幕上。

有时，由于选择了较慢的扫描速率，显示屏上将会出现闪烁的光迹，但被测信号的波形不在 X 轴方向左右移动，这样的现象仍属于稳定显示。

（5）适当调节"扫描速率"开关及"Y 轴灵敏度"开关使屏幕上显示 1~2 个周期的被测信号波形。在测量幅值时，应注意将"Y 轴灵敏度微调"旋钮置于"校准"位置，即顺时针旋到底，且听到关的声音；在测量周期时，应注意将"X 轴扫速微调"旋钮置于"校准"位置，即顺时针旋到底，且听到关的声音；还要注意"扩展"旋钮的位置。

根据被测波形在屏幕坐标刻度上垂直方向所占的格数（div 或 cm）与"Y 轴灵敏度"开关指示值（V/div）的乘积，即可算得信号幅值的实测值。

根据被测信号波形一个周期在屏幕坐标刻度水平方向所占的格数（div 或 cm）与"扫速"开关指示值（t/div）的乘积，即可算得信号频率的实测值。

2. 函数信号发生器。

函数信号发生器按需要输出正弦波、方波、三角波三种信号波形。输出电压最大可达 $20V_{P-P}$。通过输出衰减开关和输出幅度调节旋钮，可使输出电压在毫伏级到伏级范围内连续调节。函数信号发生器的输出信号频率可以通过频率分挡开关进行调节。

函数信号发生器作为信号源，它的输出端不允许短路。

3. 交流毫伏表。

交流毫伏表只能在其工作频率范围之内，用来测量正弦交流电压的有效值。为了防止过载而损坏，测量前一般先把量程开关置于量程较大位置上，然后在测量中逐挡减小量程。

三、实验设备

1. 函数信号发生器。
2. 双踪示波器。
3. 交流毫伏表。

四、实验内容

1. 用机内校正信号对示波器进行自检。

（1）扫描基线调节。

将示波器的显示方式开关置于"单踪"显示（Y_1 或 Y_2），输入耦合方式开关置"GND"，触发方式开关置于"自动"。开启电源开关后，调节"辉度""聚焦""辅助聚焦"等旋钮，使荧光屏上显示一条细而且亮度适中的扫描基线。然后调节"X 轴位移"（⇄）和"Y 轴位移"（↕）

旋钮,使扫描线位于屏幕中央,并且能上下左右移动自如。

(2)测试"校正信号"波形的幅度、频率。

将示波器的"校正信号"通过专用电缆线引入选定的 Y 通道(Y₁或 Y₂),将 Y 轴输入耦合方式开关置于"AC"或"DC",触发源选择开关置"内",内触发源选择开关置"Y₁"或"Y₂"。调节 X 轴"扫描速率"开关(t/div)和 Y 轴"输入灵敏度"开关(V/div),使示波器显示屏上显示出 1 个或数个周期稳定的方波波形。

①校准"校正信号"幅度。

将"Y 轴灵敏度微调"旋钮置"校准"位置,"Y 轴灵敏度"开关置适当位置,读取校正信号幅度,记入表3-1。

校 准 记 录 表 3-1

项　　　目	标　准　值	实　测　值
幅度 $U_{p-p}(V)U_{max}$、U_{min}		
频率 $f(kHz) = \dfrac{1}{7}$		
上升沿时间(μs)10% ~ 90%		
下降沿时间(μs)90% ~ 10%		

注:不同型号示波器标准值有所不同,请按所使用示波器的规格将标准值填入表格中。

②校准"校正信号"频率。

将"扫速微调"旋钮置"校准"位置,"扫速"开关置适当位置,读取校正信号周期,记入表3-1。

③测量"校正信号"的上升时间和下降时间。

调节"Y 轴灵敏度"开关及微调旋钮,并移动波形,使方波波形在垂直方向上正好占据中心轴上,且上、下对称,便于阅读。通过扫速开关逐级提高扫描速度,使波形在 X 轴方向扩展(必要时可以利用"扫速扩展"开关将波形再扩展 10 倍),并同时调节触发电平旋钮,从显示屏上清楚地读出上升时间和下降时间,记入表3-1。

2. 用示波器和交流毫伏表测量信号参数。

调节函数信号发生器有关旋钮,使输出频率分别为 100Hz、1kHz、10kHz、100kHz,有效值均为 1V(交流毫伏表测量值)的正弦波信号。

改变示波器"扫速"开关及"Y 轴灵敏度"开关等位置,测量信号源输出电压频率及峰峰值,记入表3-2。

测量信号参数记录 表 3-2

信号电压频率	示波器测量值		信号电压毫伏表读数(V)	示波器测量值	
	周期(ms)	频率(Hz)		峰峰值(V)	有效值(V)
100Hz	10	100		2.40	0.8486
1kHz	1	1000		2.40	0.8486
10kHz	0.1	10000		2.40	0.8486
100kHz	0.01	10×10^4		2.40	0.8486

3. 测量两波形间相位差。

（1）观察双踪显示波形"交替"与"断续"两种显示方式的特点。

Y_1、Y_2均不加输入信号，输入耦合方式置"GND"，扫速开关置扫速较低挡位（如0.5s/div挡）和扫速较高挡位（如5μs/div挡），把显示方式开关分别置"交替"和"断续"位置，观察两条扫描基线的显示特点，并记录。

（2）用双踪显示测量两波形间相位差。

①按图3-2连接实验电路，将函数信号发生器的输出电压调至频率为1kHz、幅值为2V的正弦波，经RC移相网络获得频率相同但相位不同的两路信号u_i和u_R，分别加到双踪示波器的Y_1和Y_2输入端。

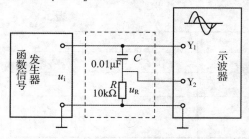

图3-2　两波形间相位差测量电路

为便于稳定波形，比较两波形相位差，应使内触发信号取自被设定作为测量基准的一路信号。

②把显示方式开关置"交替"挡位，将Y_1和Y_2输入耦合方式开关置"⊥"挡位，调节Y_1、Y_2的移位旋钮，使两条扫描基线重合。

③将Y_1、Y_2输入耦合方式开关置"AC"挡位，调节触发电平、扫速开关及Y_1、Y_2灵敏度开关位置，使在荧屏上显示出易于观察的两个相位不同的正弦波形u_i及u_R，如图3-3所示。根据两波形在水平方向差距X，及信号周期X_T，则可求得两波形相位差。

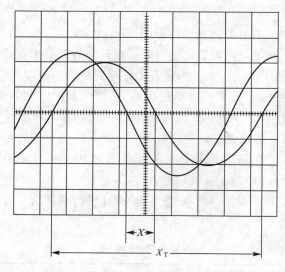

图3-3　双踪示波器显示两相位不同的正弦波

$$\theta = \frac{X(\mathrm{div})}{X_T(\mathrm{div})} \times 360°$$

式中：X_T——一周期所占格数；

　　　X——两波形在X轴方向差距格数。

将两波形相位差记录于表3-3。

一周期格数	两波形 X 轴差距格数	相　位　差	
		实测值	计算值
$X_T =$	$X =$	$\theta =$	$\theta =$

为了数读和计算方便,可适当调节扫速开关及微调旋钮,使波形的一周期占整数格。

五、实验总结

1. 整理实验数据,并进行分析。

2. 问题讨论。

(1)如何操纵示波器有关旋钮,以便从示波器显示屏上观察到稳定、清晰的波形?

(2)用双踪显示方式显示波形,并要求比较相位时,为在显示屏上得到稳定波形,应怎样选择下列开关的位置?

① 显示方式选择(Y_1;Y_2;$Y_1 + Y_2$;交替;断续)。

② 触发方式(常态;自动)。

③ 触发源选择(内;外)。

④ 内触发源选择(Y_1;Y_2;交替)。

3. 函数信号发生器有哪几种输出波形?它的输出端能否短接?如用屏蔽线作为输出引线,则屏蔽层一端应该接在哪个接线柱上?

4. 交流毫伏表是用来测量正弦波电压还是非正弦波电压?它的表头指示值是被测信号的什么数值?它是否可以用来测量直流电压的大小?

六、预习要求

1. 阅读实验附录中有关示波器部分的内容。

2. 已知 $C = 0.01\mu F$、$R = 10k\Omega$,试计算图 3-2 RC 移相网络的阻抗角 θ。

实验四 基尔霍夫定律的验证

一、实验目的

1. 验证基尔霍夫定律的正确性,加深对基尔霍夫定律的理解。
2. 学会用电流插头、插座测量各支路电流的方法。

二、原理说明

基尔霍夫定律是电路的基本定律。测量某电路的各支路电流及多个元件两端的电压,应能分别满足基尔霍夫电流定律(KCL)和电压定律(KVL)。即对电路中的任一个节点而言,应有 $\sum I = 0$;对任何一个闭合回路而言,应有 $\sum U = 0$。

运用上述定律时,必须注意电流的正方向,此方向可预先任意设定。

三、实验设备

直流电压源、电阻、电流插头、电压表、电流表。

四、实验内容

实验线路如图 4-1 所示。

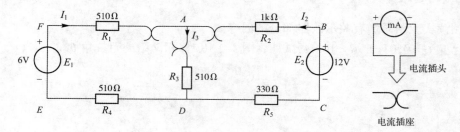

图 4-1 实验电路图

1. 实验前先任意设定三条支路的电流参考方向,如图 4-1 中的 I_1、I_2、I_3 所示。

2. 分别将两路直流稳压电源(一路如 E_1 为 +6,+12V 切换电源;另一路如 E_2 为 0~30V 可调直流稳压源)接入电路,令 $E_1 = 6V$,$E_2 = 12V$。

3. 熟悉电流插头的结构,将电流插头的两端接至直流数字毫安表的" + "" − "两端。

4. 将电流插头分别插入三条支路的三个电流插座中,记录电流值如表 4-1 所示。

5. 用直流数字电压表分别测量两路电源及电阻元件上的电压值,记录电压值如表 4-1 所示。

被测量	I_1 (mA)	I_2 (mA)	I_3 (mA)	E_1 (V)	E_2 (V)	U_{FA} (V)	U_{AB} (V)	U_{AD} (V)	U_{CD} (V)	U_{DE} (V)
计算值	1.92	5.99	7.91	6	12	0.98	-5.99	9.03	1.90	0.98
测量值	1.90	5.94	7.85	6.18	12.17	1.11	-5.95	4.17	-1.82	1.12
相对误差: $\dfrac{测-计}{测}\times100\%$										

五、实验注意事项

1. 所有需要测量的电压值,均以电压表测量读数为准,不以电源表盘指示值为准。

2. 防止电源两端碰线短路。

3. 若用指针式电流表进行测量时,要识别电流插头所接电流表的"＋""－"极性。倘若不换接极性,则电表指针可能反偏(电流为负值时),此时必须调换电流表极性,重新测量。此时指针正偏,但读得的电流值必须冠以负号。

六、预习思考题

1. 根据图 4-1 的电路参数,计算出待测电流 I_1、I_2、I_3 和各电阻上电压值,记入表中,以便实验测量时,可正确选定毫安表和电压表的量程。

2. 实验中,若用万用电表直流毫安挡测各支路电流,什么情况下可能出现毫安表指针反偏?应如何处理?在记录数据时应注意什么?若用直流数字毫安表进行测量时,则会有什么显示呢?

七、实验报告

1. 根据实验数据,选定实验电路中的任一个节点,验证 KCL 的正确性。

2. 根据实验数据,选定实验电路中的任一个闭合回路,验证 KVL 的正确性。

3. 在用电压表、电流表测量电压、电流时,如果读数出现负值,是否代表测量错误?该如何处理?负号代表意义是什么?

4. 实验过程中,可能引入误差的环节有哪些?

实验五 叠加原理的验证

一、实验目的

验证线性电路叠加原理的正确性,加深对线性电路的叠加性和齐次性的认识和理解。

二、原理说明

叠加原理指出:在有几个独立源共同作用下的线性电路中,通过每一个元件的电流或其两端的电压,可以看成是由每一个独立源单独作用时在该元件上所产生的电流或电压的代数和。

线性电路的齐次性是指当激励信号(某独立源的值)增加或减小 K 倍时,电路的响应(即在电路其他各电阻元件上所建立的电流和电压值)也将增加或减小 K 倍。

三、实验设备

实验设备见表5-1。

实 验 设 备

表5-1

序　　号	名　　　称	型 号 与 规 格	数　　量	备　　注
1	直流稳压电源	+6V,12V 切换	1	
2	可调直流稳压电源	0～30V	1	
3	直流数字电压表		1	
4	直流数字毫安表		1	
5	叠加原理实验线路板		1	DGJ-03

四、实验内容

实验电路如图5-1所示。

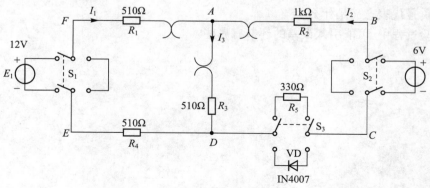

图 5-1 实验电路图

16

1. 按图 5-1 电路接线，E_1 为 +6V、+12V 切换电源，取 $E_1 = +12V$。E_2 为可调直流稳压电源，调至 +6V。

2. 令 E_1 电源单独作用时（将开关 S_1 投向 E_1 侧，开关 S_2 投向短路侧），用直流数字电压表和毫安表（接电流插头）测量各支路电流及各电阻元件两端电压，数据记入表 5-2。

测 量 记 录 表   表 5-2

实验内容	测 量 项 目									
	E_1 (V)	E_2 (V)	I_1 (mA)	I_2 (mA)	I_3 (mA)	U_{AB} (V)	U_{CD} (V)	U_{AD} (V)	U_{DE} (V)	U_{FA} (V)
E_1 单独作用										
E_2 单独作用										
E_1、E_2 共同作用										
$2E_2$ 单独作用										

3. 令 E_2 电源单独作用时（将开关 S_1 投向短路侧，开关 S_2 投向 E_2 侧），重复实验步骤 2 的测量和记录。

4. 令 E_1 和 E_2 共同作用时（开关 S_1 和 S_2 分别投向 E_1 和 E_2 侧），重复上述的测量和记录。

5. 将 E_2 的数值调至 +12V，重复上述步骤 3 的测量并记录。

6. 将 R_5 换成一只二极管 IN4007（即将开关 S_3 投向二极管 VD 侧）重复步骤 1 ~ 5 的测量过程，数据记入表 5-3。

测 量 记 录 表   表 5-3

实验内容	测 量 项 目									
	E_1 (V)	E_2 (V)	I_1 (mA)	I_2 (mA)	I_3 (mA)	U_{AB} (V)	U_{CD} (V)	U_{AD} (V)	U_{DE} (V)	U_{FA} (V)
E_1 单独作用										
E_2 单独作用										
E_1、E_2 共同作用										
$2E_2$ 单独作用										

五、实验注意事项

1. 用电流插头测量各支路电流时，应注意仪表的极性，以及数据表格中"＋""－"号的记录。

2. 注意仪表量程的及时更换。

六、实验报告

1. 叠加原理中 E_1、E_2 分别单独作用，在实验中老师的指导操作外还有哪些办法？

17

2. 根据实验数据验证线性电路的叠加性与齐次性。

3. 实验电路中,将一个电阻器改为二极管,通过对实验数据的分析可以得出什么结论?

4. 各电阻器所消耗的功率能否用叠加原理计算得出?试用上述实验数据,进行计算并作结论。

5. 通过实验步骤 6 及分析表格中的数据,你能得出什么样的结论?

6. 心得体会及其他。

实验六　电压源与电流源的等效变换

一、实验目的

1. 掌握电源外特性的测试方法。
2. 验证电压源与电流源等效变换的条件。

二、原理说明

1. 一个直流稳压电源在一定的电流范围内,具有很小的内阻,所以在实际使用中,常将它视为一个理想的电压源,即其输出电压不随负载电流而变化。其外特性,即其伏安特性 $U = f(I)$ 是一条平行于 I 轴的直线。

一个恒流源在实用中,在一定的电压范围内,可视为一个理想的电流源,即其输出电流不随负载的改变而变化。

图 6-1 为理想电压源、理想电流源电路图。

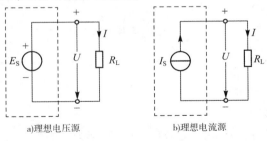

a)理想电压源　　　　b)理想电流源

图 6-1　理想电压、电流源电路图

2. 一个实际的电压源(或电流源),其端电压(或输出电流)不可能不随负载而变,因为它具有一定的内阻值。故在实验中,用一个小阻值的电阻(或大电阻)与理想电压源(或理想电流源)相串联(或并联)来模拟一个电压源(或电流源)的情况。

3. 一个实际的电源,就其外部特性而言,既可以看成是一个电压源,又可以看成是一个电流源。若视为电压源,则可用一个理想的电压源 E_S 与一个电阻 R_0 相串联的组合来表示;若视为电流源,则可用一个理想电流源 I_S 与一电导 g_0 相并联的组合来表示。若它们向同样大小的负载提供同样大小的电流和端电压,则称这两个电源是等效的,即具有相同的外特性。

一个电压源与一个电流源等效变换的条件为:

$$I_S = \frac{E_S}{R_0} \qquad g_0 = \frac{1}{R_0}$$

或

$$E_S = \frac{I_S}{g_0} \qquad R_0 = \frac{1}{g_0}$$

等效变换图,如图 6-2 所示。

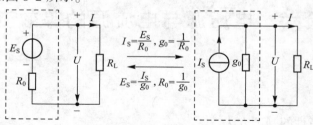

图 6-2　等效变换图

三、实验设备

实验设备见表 6-1。

实验设备　　　　　　　　　　　　　　　　　　　　表 6-1

序　号	名　　称	型号与规格	数　量	备　注
1	直流稳压电源	+6V、12V 切换	1	
2	可调直流恒流源	0~200mA	1	
3	直流数字电压表		1	
4	直流数字毫安表		1	
5	电阻器	51Ω、1kΩ、200Ω		DGJ-05
6	可调电阻箱	0~99999.9Ω	1	DGJ-05

四、实验内容

1. 测定电压源的外特性。

（1）按图 6-3a）接线,E_S 为 +6V 直流稳压电源,视为理想电压源,R_L 为可调电阻箱,调节 R_L 阻值,记录电压表和电流表读数(表 6-2)。

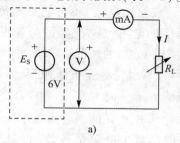 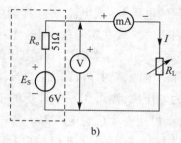

a)　　　　　　　　　　　　b)

图 6-3　测定电压源外特性图

电压、电流读数记录表（一）　　　　　　　　表 6-2

$R_L(\Omega)$	∞	2000	1500	1000	800	500	300	200
$U(V)$								
$I(mA)$								

（2）按图6-3b）接线，虚线框可模拟为一个实际的电压源，调节 R_L 阻值，记录两只表读数（表6-3）。

电压、电流读数记录表（二）　　表6-3

$R_L(\Omega)$	∞	2000	1500	1000	800	500	300	200
$U(V)$								
$I(mA)$								

2. 测定电流源的外特性。

按图6-4接线，I_S 为直流恒流源，视为理想电流源，调节其输出为 5mA，令 R_0 分别为 1kΩ 和 ∞，调节 R_L 阻值，记录这两种情况下的电压表和电流表的读数（表6-4、表6-5）。

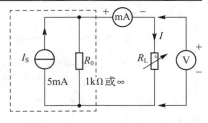

图6-4　测定电流源外特性图

电压、电流表读数记录表（$R_0 = 1k\Omega$）　　表6-4

$R_L(\Omega)$	0	200	400	600	800	1000	2000	5000
$I(mA)$								
$U(V)$								

电压、电流表读数记录表（$R_0 = \infty$）　　表6-5

$R_L(\Omega)$	0	200	400	600	800	1000	2000	5000
$I(mA)$								
$U(V)$								

3. 测定电源等效变换的条件。

按图6-5接线，首先读取图6-5a）线路两只表的读数，然后调节图6-5b）线路中恒流源 I_S（取 $R'_0 = R_0$），令两只表的读数与图6-5a）的数值相等，记录 I_S 之值，验证等效变换条件的正确性（表6-6）。

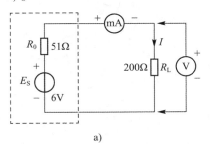
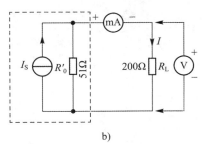

a)　　　　　　　　　　　　　　b)

图6-5　测定电源等效变换条件电路图

测定电源等效变换条件记录表　　表6-6

$R_0(\Omega)$	$I_S(A)$	$E_S(V)$

五、实验注意事项

1. 在测试电压源外特性时,不要忘记测空载时的电压值;在改变负载时,不允许负载短路。测试电流源外特性时,不要忘记测短路时的电流值;在改变负载时,不允许负载开路。

2. 换接线路时,必须关闭电源开关。

3. 直流仪表的接入应注意极性与量程。

六、预习思考题

1. 根据实验数据,绘出电源的四条外特性,并总结、归纳各类电源的特性。

2. 根据实验结果,验证电源等效变换的条件。

3. 分析理想电压源和电流源输出端发生短路(开路)情况时,对电源的影响。

4. 电压源与电流源的外特性为什么呈下降变化趋势?理想电压源和理想电流源的输出在任何负载下是否保持恒值?

5. 心得体会及其他。

实验七　戴维南定理

一、实验目的

1. 验证戴维南定理的正确性。
2. 掌握测量有源二端网络等效参数的一般方法。

二、原理说明

1. 任何一个线性含源网络,如果仅研究其中一条支路的电压和电流,则可将电路的其余部分看作是一个有源二端网络(或称为含源一端口网络)。

戴维南定理指出:任何一个线性有源网络,总可以用一个等效电压源来代替,此电压源的电动势 E_s 等于这个有源二端网络的开路电压 U_{OC},其等效内阻 R_0 等于该网络中所有独立源均置零(理想电压源视为短接,理想电流源视为开路)时的等效电阻。

U_{OC} 和 R_0 称为有源二端网络的等效参数。

2. 有源二端网络等效参数的测量方法。

(1)开路电压、短路电流法。

在有源二端网络输出端开路时,用电压表直接测其输出端的开路电压 U_{OC},然后再将其输出端短路,用电流表测其短路电流 I_{SC},则内阻为:

$$R_0 = \frac{U_{OC}}{I_{SC}}$$

(2)伏安法。

用电压表、电流表测出有源二端网络的外特性,曲线如图 7-1 所示。根据外特性曲线求出斜率 $\tan\varphi$,则内阻为:

$$R_0 = \tan\varphi = \frac{\Delta U}{\Delta I} = \frac{U_{OC}}{I_{SC}}$$

用伏安法,主要是测量开路电压及电流为额定值 I_N 时的输出端电压值 U_N,则内阻为:

$$R_0 = \frac{U_{OC} - U_N}{I_N}$$

若二端网络的内阻值很低时,则不宜测其短路电流。

(3)半电压法。

如图 7-2 所示,当负载电压为被测网络开路电压一半时,负载电阻(由电阻箱的读数确定)即为被测有源二端网络的等效内阻值。

(4)零示法。

在测量具有高内阻有源二端网络的开路电压时,用电压表进行直接测量会造成较大的误差。为了消除电压表内阻的影响,往往采用零示测量法,如图7-3所示。

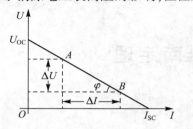

图7-1 有源二端网络外特性曲线

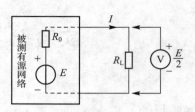

图7-2 半电压法

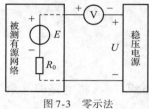

图7-3 零示法

零示法测量原理是,用一低内阻的稳压电源与被测有源二端网络进行比较,当稳压电源的输出电压与有源二端网络的开路电压相等时,电压表的读数将为"0",然后将电路断开,测量此时稳压电源的输出电压,即为被测有源二端网络的开路电压。

三、实验设备

实验设备见表7-1。

实验设备 表7-1

序　　号	名　　称	型号与规格	数　　量	备　　注
1	可调直流稳压电源	0～30V	1	
2	可调直流恒流源	0～200mA	1	
3	直流数字电压表		1	
4	直流数字毫安表		1	
5	万用电表		1	
6	可调电阻箱	0～99999.9Ω	1	DGJ-05
7	电位器	1kΩ/1W	1	DGJ-05
8	戴维南定理实验线路板		1	DGJ-05

四、实验内容

被测有源二端网络如图7-4a)所示。

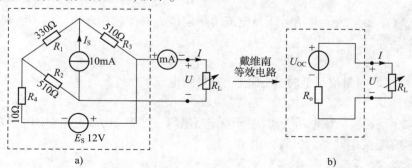

a)   b)

图7-4 被测有源二端网络及戴维南等效电路

24

1.用开路电压、短路电流法测定戴维南等效电路的 U_{OC} 和 R_0。

按图 7-4a) 电路接入稳压电源 E_S 和恒流源 I_S 及可变电阻箱 R_L，测定 U_{OC} 和 R_0，记入表 7-2。

测量记录（一）   表 7-2

$U_{OC}(V)$	$I_{SC}(mA)$	$R_0 = U_{OC}/I_{SC}(\Omega)$

2.负载实验。

按图 7-4a) 改变 R_L 阻值，测量有源二端网络的外特性，记入表 7-3。

测量记录（二）   表 7-3

$R_L(\Omega)$	0	30	51	102	200	1000	8200	∞
$U(V)$								
$I(mA)$								

3.验证戴维南定理。

用一只 1kΩ 的电位器，将其阻值调整到等于按步骤 1 所得的等效电阻 R_0 之值，然后令其与直流稳压电源（调到步骤 1 时所测得的开路电压 U_{OC} 之值）相串联，如图 7-4b) 所示，仿照步骤 2 测其外特性，对戴氏定理进行验证，并将其值记入表 7-4。

测量记录（三）   表 7-4

$R_L(\Omega)$	0	30	50	102	200	1000	8200	∞
$U(V)$								
$I(mA)$								

4.测定有源二端网络等效电阻（又称入端电阻）的其他方法：将被测有源网络内的所有独立源置零（将电流源 I_S 断开；去掉电压源，并在原电压端所接的两点用一根短路导线相连），然后用伏安法或者直接用万用电表的欧姆挡去测定负载 R_L 开路后输出端两点间的电阻，此即为被测网络的等效内阻 R_0 或称网络的入端电阻 R_i。

5.用半电压法和零示法测量被测网络的等效内阻 R_0 及其开路电压 U_{OC}，线路及数据表格自拟。

五、实验注意事项

1.测量时，注意电流表量程的更换。

2.步骤 4 中，电源置零时不可将稳压源短接。

3.用万用电表直接测 R_0 时，网络内的独立源必须先置零，以免损坏万用电表。另外，欧姆挡必须经调零后再进行测量。

4.改接线路前，要关掉电源。

六、实验报告

1. 在求戴维南等效电路时,做短路实验,测 I_{sc} 的条件是什么? 在本实验中可否直接做负载短路实验? 实验前,对图 7-4a)所示线路预先做好计算,以便调整实验线路及在测量时可准确地选取电表的量程。

2. 说明测有源二端网络开路电压及等效内阻的几种方法,并比较其优缺点。

3. 根据步骤 2 和 3,分别绘出曲线,验证戴维南定理的正确性,并分析产生误差的原因。

4. 将根据步骤 1、4、5 测得的 U_{OC} 与 R_0 与预习时电路计算的结果做比较,你能得出什么结论?

5. 归纳、总结实验结果。

6. 心得体会及其他。

实验八 受控源电压控制电压源(VCVS)、电压控制电流源(VCCS)、电流控制电压源(CCVS)、电流控制电流源(CCCS)的实验研究

一、实验目的

1. 了解用运算放大器组成四种类型受控源的线路原理。
2. 测试受控源转移特性及负载特性。

二、原理说明

1. 运算放大器(简称运放)的电路符号及其等效电路如图 8-1 所示。

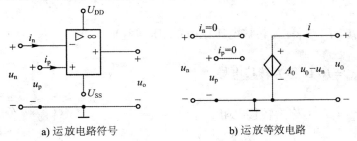

a) 运放电路符号   b) 运放等效电路

图 8-1   运放电路符号及其等效电路

运放是一个有源三端器件,它有两个输入端和一个输出端,若信号从"＋"端输入,则输出信号与输入信号相位相同,故称为同相输入端;若信号从"－"端输入,则输出信号与输入信号相位相反,故称为反相输入端。运放的输出电压为:

$$u_0 = A_0(u_p - u_n)$$

其中,A_0 是运放的开环电压放大倍数,在理想情况下,A_0 与运放的输入电阻 R_i 均为无穷大,因此有:

$$u_p = u_n$$

$$i_p = \frac{u_p}{R_{ip}} = 0 \qquad i_n = \frac{u_n}{R_{in}} = 0$$

这说明理想运放具有下列三大特征:
(1)运放的"＋"端与"－"端电位相等,通常称为"虚短路"。
(2)运放输入端电流为零,即其输入电阻为无穷大。
(3)运放的输出电阻为零。
以上三个重要的性质是分析所有具有运放网络的重要依据。要使运放工作,还须接有

27

正、负直流工作电源(称双电源),有的运放可用单电源工作。

2.理想运放的电路模型是一个受控源——VCVS,如图 8-1b)所示。在它的外部接入不同的电路元件,可构成四种基本受控源电路,以实现对输入信号的各种模拟运算或模拟变换。

3.所谓受控源,是指其电源的输出电压或电流是受电路另一支路的电压或电流所控制的。当受控源的电压(或电流)与控制支路的电压(或电流)成正比时,则该受控源为线性的。根据控制变量与输出变量的不同,可分为四类受控源:VCVS、VCCS、CCVS、CCCS。受控源电路符号如图 8-2 所示。理想受控源的控制支路中只有一个独立变量(电压或电流),另一个变量为零,即从输入口看理想受控源或是短路(即输入电阻 $R_i = 0$,因而 $u_1 = 0$)或是开路(即输入电导 $G_i = 0$,因而输入电流 $i_1 = 0$),从输出口看,理想受控源或是一个理想电压源或是一个理想电流源。

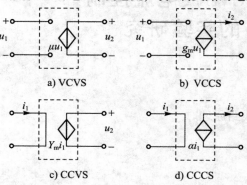

图 8-2　受控源电路符号

4.受控源的控制端与受控端的关系称为转移函数,四种受控源转移函数参量的定义如下:

(1)VCVS。

$U_2 = f(U_1)$,$\mu = U_2/U_1$ 称为转移电压比(或电压增益)。

(2)VCCS。

$I_2 = f(U_1)$,$g_m = I_2/U_1$ 称为转移电导。

(3)CCVS。

$U_2 = f(I_1)$,$r_m = U_2/I_1$ 称为转移电阻。

(4)CCCS。

$I_2 = f(I_1)$,$\alpha = I_2/I_1$ 称为转移电流比(或电流增益)。

5.用运放构成四种类型基本受控源的线路原理分析。

(1)VCVS 电路如图 8-3 所示。

由于运放的虚短路特性,有:

$$u_p = u_n = u_1 \quad i_2 = \frac{u_n}{R_2} = \frac{u_1}{R_2}$$

又因运放内阻为 ∞,有:

$$i_1 = i_2$$

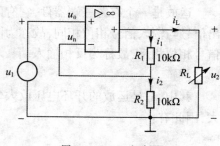

图 8-3　VCVS 电路图

因此:

$$u_2 = i_1 R_1 + i_2 R_2 = i_2(R_1 + R_2) = \frac{u_1}{R_2}(R_1 + R_2) = \left(1 + \frac{R_1}{R_2}\right)u_1$$

即运放的输出电压 u_2 只受输入电压 u_1 的控制,与负载 R_L 大小无关,电路模型如图 8-2a)所示。

转移电压比:

$$\mu = \frac{u_2}{u_1} = 1 + \frac{R_1}{R_2}$$

μ 为无量纲,称为电压放大系数。

这里的输入、输出有公共接地点,这种连接方式称为共地连接。

(2)将图8-3的 R_1 看成一个负载电阻 R_L,如图8-4所示,即成为 VCCS。

此时,运放的输出电流为:

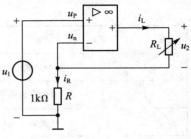

$$i_L = i_R = \frac{u_n}{R} = \frac{u_1}{R}$$

即运放的输出电流 i_L 只受输入电压 u_1 的控制,与负载 R_L 大小无关。电路模型如图8-2b)所示。

转移电导:

$$g_m = \frac{i_L}{u_1} = \frac{1}{R}(S)$$

图8-4 VCCS 电路图

这里的输入、输出无公共接地点,这种连接方式称为浮地连接。

(3)CCVS 电路如图8-5所示。由于运放的"+"端接地,所以 $u_p = 0$,"−"端电压 u_n 也为零,此时运放的"−"端称为虚地点。显然,流过电阻 R 的电流 i_1 就等于网络的输入电流 i_s。

此时,运放的输出电压 $u_2 = -i_1 R = -i_s R$,即输出电压 u_2 只受输入电流 i_s 的控制,与负载 R_L 大小无关,电路模型如图8-2c)所示。

转移电阻:

$$r_m = \frac{u_2}{i_s} = -R(\Omega)$$

此电路为共地连接。

(4)CCCS 电路如图8-6所示。

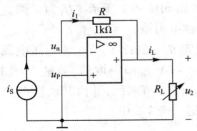

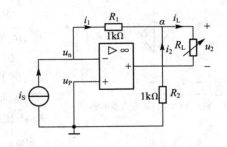

图8-5　CCVS 电路图　　　　　　　　　图8-6　CCCS 电路图

$$u_a = -i_2 R_2 = -i_1 R_1$$

$$i_L = i_1 + i_2 = i_1 + \frac{R_1}{R_2} i_1 = \left(1 + \frac{R_1}{R_2}\right) i_1 = \left(1 + \frac{R_1}{R_2}\right) i_s$$

即输出电流 i_L 只受输入电流 i_s 的控制,与负载 R_L 大小无关。电路模型如图8-2d)所示。

转移电流比:

$$\alpha = \frac{i_L}{i_s} = \left(1 + \frac{R_1}{R_2}\right)$$

α 为无量纲,又称为电流放大系数。

此电路为浮地连接。

三、实验设备

实验设备见表8-1。

实验设备 表8-1

序　号	名　　称	型号与规格	数　量	备　注
1	可调直流稳压电源	0 ~ 30V	1	
2	可调直流恒流源	0 ~ 200mA	1	
3	直流数字电压表		1	
4	直流数字毫安表		1	
5	可调电阻箱	0 ~ 99999.9Ω	1	
6	受控源实验线路板		1	

四、实验内容

本次实验中受控源全部采用直流电源激励,对于交流电源或其他电源激励,实验结果是一样的。

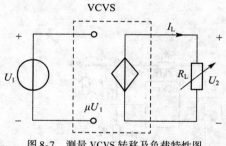

VCVS

图 8-7　测量 VCVS 转移及负载特性图

1. 测量受控源 VCVS 的转移特性 $U_2 = f(U_1)$ 及负载特性 $U_2 = f(I_L)$

实验线路如图 8-7 所示。U_1 为可调直流稳压电源,R_L 为可调电阻箱。

(1)固定 $R_L = 2k\Omega$,调节直流稳压电源输出电压 U_1,使其在 0 ~ 6V 范围内取值,测量 U_1 及相应的 U_2 值,绘制 $U_2 = f(U_1)$ 曲线,并由其线性部分求出转移电压比 μ,记入表 8-2 中。

测量记录(一) 表8-2

测量值	$U_1(V)$	
	$U_2(V)$	
实验计算值	μ	
理论计算值	μ	

(2)保持 $U_1 = 2V$,令 R_L 阻值从 $1k\Omega$ 增至 ∞,测量 U_2 及 I_L,绘制 $U_2 = f(I_L)$ 曲线,测量值记入表 8-3 中。

测量记录(二)		表 8-3

$R_L(\text{k}\Omega)$	
$U_2(\text{V})$	
$I_L(\text{mA})$	

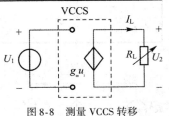

图 8-8　测量 VCCS 转移
及负载特性图

2. 测量受控源 VCCS 的转移特性 $I_L = f(U_1)$ 及负载特性 $I_L = f(U_2)$。

实验线路如图 8-8 所示。

(1) 固定 $R_L = 2\text{k}\Omega$，调节直流稳压电源输出电压 U_1，使其在 0 ~ 5V 范围内取值。测量 U_1 及相应的 I_L，绘制 $I_L = f(U_1)$ 曲线，并由其线性部分求出转移电导 g_m，其数值记入表 8-4。

测量记录(三)			表 8-4

	$U_1(\text{V})$	
测量值	$I_L(\text{mA})$	
实验计算值	$g_m(\text{S})$	
理论计算值	$g_m(\text{S})$	

(2) 保持 $U_1 = 2\text{V}$，令 R_L 从 0 增至 $5\text{k}\Omega$，测量相应的 I_L 及 U_2，绘制 $I_L = f(U_2)$ 曲线，其数值记入表 8-5。

测量记录(四)		表 8-5

$R_L(\text{k}\Omega)$	
$I_L(\text{mA})$	
$U_2(\text{V})$	

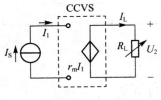

图 8-9　测量 CCVS 转移
及负载特性图

3. 测量受控源 CCVS 的转移特性 $U_2 = f(I_S)$ 及负载特性 $U_2 = f(I_L)$。

实验线路如图 8-9 所示。I_S 为可调直流恒流源，R_L 为可调电阻箱。

(1) 固定 $R_L = 2\text{k}\Omega$，调节直流恒流源输出电流 I_S，使其在 0 ~ 0.8mA 范围内取值，测量 I_S 及相应的 U_2 值，绘制 $U_2 = f(I_S)$ 曲线，并由其线性部分求出转移电阻 r_m，其值记入表 8-6。

测量值(五)			表 8-6

	$I_S(\text{mA})$	
测量值	$U_2(\text{V})$	
实验计算值	$r_m(\text{k}\Omega)$	
理论计算值	$r_m(\text{k}\Omega)$	

(2)保持 $I_S = 0.3\text{mA}$，令 R_L 从 1kΩ 增至 ∞，测量 U_2 及 I_L 值，绘制负载特性曲线 $U_2 = f(I_L)$，其值记入表 8-7。

测量值(六)　　　　　　　表 8-7

$R_L(\text{k}\Omega)$	
$U_2(\text{V})$	
$I_L(\text{mA})$	

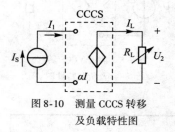

图 8-10　测量 CCCS 转移
及负载特性图

4. 测量受控源 CCCS 的转移特性 $I_L = f(I_S)$ 及负载特性 $I_L = f(U_2)$

实验线路如图 8-10 所示。

(1)固定 $R_L = 2\text{k}\Omega$，调节直流恒流源输出电流 I_S，使其在 0 ~ 0.8mA 范围内取值，测量 I_S 及相应的 I_L 值，绘制 $I_L = f(I_S)$ 曲线，并由其线性部分求出转移电流比 α，其值记入表 8-8。

测量值(七)　　　　　　　表 8-8

测量值	$I_S(\text{mA})$	
	$I_L(\text{mA})$	
实验计算值	α	
理论计算值	α	

(2)保持 $I_S = 0.3\text{mA}$，令 R_L 从 0 增至 4kΩ，测量 I_L 及 U_2 值，绘制负载特性曲线 $I_L = f(U_2)$ 曲线，其值记入表 8-9。

测量值(八)　　　　　　　表 8-9

$R_L(\text{k}\Omega)$	
$I_L(\text{mA})$	
$U_2(\text{V})$	

五、实验注意事项

1. 实验中，注意运放的输出端不能与地短接，输入电压不得超过 10V。
2. 在用恒流源供电的实验中，不要使恒流源负载开路。

六、预习思考题

1. 参阅有关运放和受控源的基本理论。
2. 试比较四种受控源的代号、电路模型，控制量与被控制量之间的关系。

七、实验报告

1. 受控源与独立源相比有何异同点？

2. 根据实验数据,在方格纸上分别绘出四种受控源的转移特性和负载特性曲线,并求出相应的转移参量。

3. 对实验的结果作出合理地分析和结论,总结对四类受控源的认识和理解。

4. 四种受控源中的 μ、g_m、r_m 和 α 的意义各是什么?

5. 若令受控源的控制量极性反向,试问其输出量极性是否发生变化?

6. 受控源的输出特性是否适于交流信号。

7. 心得体会及其他。

注:不同类型的受控源可以进行级联,以形成等效的另一类型的受控源。如受控源 CCVS 与 VCCS 进行适当的连接可组成 CCCS 或 VCVS。图 8-11、图 8-12 所示为由 CCVS 与 VCCS 级联后组成的 CCCS 及 VCCS 电路连接。

本实验受控源进行级联,VCCS 采用共地连接线路。

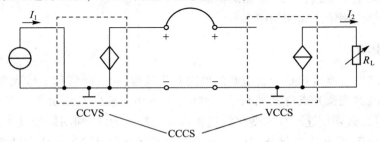

图 8-11　CCVS 与 VCCS 级联组成 CCCS

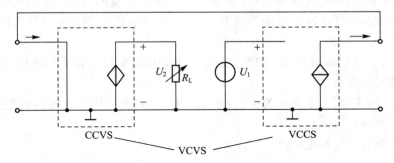

图 8-12　CCVS 与 VCCS 级联组成 VCVS

实验九　RC一阶电路的响应测试

一、实验目的

1. 测定RC一阶电路的零输入响应、零状态响应及完全响应。
2. 学习电路时间常数的测定方法。
3. 掌握有关微分电路和积分电路的概念。
4. 进一步学会用示波器测绘图形。

二、原理说明

1. 动态网络的过渡过程是十分短暂的单次变化过程，对时间常数τ较大的电路，可用慢扫描长余辉示波器观察光点移动的轨迹。然而，要想用一般的双踪示波器观察过渡过程和测量有关的参数，必须使这种单次变化的过程重复出现。为此，利用信号发生器输出的方波来模拟阶跃激励信号，即令方波输出的上升沿作为零状态响应的正阶跃激励信号；方波下降沿作为零输入响应的负阶跃激励信号。只要选择方波的重复周期远大于电路的时间常数τ，电路在这样的方波序列脉冲信号的激励下，它的影响和直流电源接通与断开的过渡过程是基本相同的。

2. RC一阶电路的零输入响应和零状态响应分别按指数规律衰减和增长，其变化的快慢决定于电路的时间常数τ。

3. 时间常数τ的测定方法如图9-1a)所示，用示波器测得零输入响应的波形如图9-1b)所示。

根据一阶微分方程的求解得：

$$u_C = E e^{-t/RC} = E e^{-t/\tau}$$

当$t = \tau$时，$u_C(\tau) = 0.368E$。

此时所对应的时间就等于τ。

亦可用零状态响应波形增长到$0.632E$所对应的时间测得，如图9-1c)所示。

4. 微分电路和积分电路是RC一阶电路中较典型的电路，它对电路元件参数和输入信号的周期有着特定的要求。一个简单的RC串联电路，在方波序列脉冲的重复激励下，当满足$\tau = RC \ll \dfrac{T}{2}$时（其中$T$为方波脉冲的重复周期），且由$R$端作为响应输出，如图9-1a)所示。这就构成了一个微分电路，因为此时电路的输出信号电压与输入信号电压的微分成正比。

若将图9-1a)中的R与C位置调换一下，即由C端作为响应输出，且当电路参数的选择满足$\tau = RC \gg \dfrac{T}{2}$条件时，如图9-1b)所示即构成积分电路，因为此时电路的输出信号电压与输入信号电压的积分成正比。

从输出波形来看,上述两个电路均起着波形变换的作用,请在实验过程中仔细观察与记录。

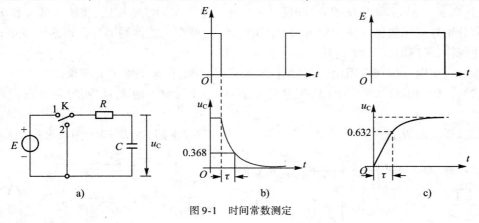

图 9-1　时间常数测定

三、实验设备

实验设备见表 9-1。

实 验 设 备　　　　　　　　　　　　　　　　　　表 9-1

序　号	名　称	型号与规格	数　量	备　注
1	函数信号发生器		1	
2	双踪示波器		1	
3	一阶、二阶实验线路板		1	DGJ-03

四、实验内容

实验线路板的结构如图 9-2 所示,认清 R、C 元件的布局及其标称值、各开关的通断位置等等。

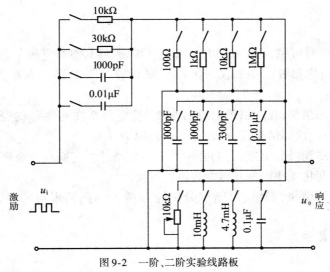

图 9-2　一阶、二阶实验线路板

35

1. 选择动态线路板上 R、C 元件。

（1）令 $R=10\mathrm{k}\Omega$，$C=3300\mathrm{pF}$，组成如图 9-1a）所示的 RC 充放电电路，E 为函数信号发生器输出，取 $u_\mathrm{m}=3\mathrm{V}$，$f=1\mathrm{kHz}$ 的方波电压信号，并通过两根同轴电缆线，将激励源 u 和响应 u_C 的信号分别连至示波器的两个输入口 Y_A 和 Y_B，这时可在示波器的屏幕上观察到激励与响应的变化规律，求测时间常数 τ，并描绘 u 及 u_C 波形。

少量改变电容值或电阻值，定性观察对响应的影响，记录观察到的现象。

（2）令 $R=10\mathrm{k}\Omega$，$C=0.01\mu\mathrm{F}$，观察并描绘响应波形，继续增大 C 值，定性观察对响应的影响。

2. 选择动态板上 R、C 元件，组成如图 9-3 所示微分电路，令 $C=0.01\mu\mathrm{F}$，$R=1\mathrm{k}\Omega$。

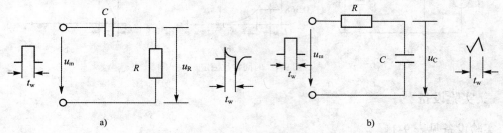

a)   b)

图 9-3 微分电路

在同样的方波激励信号（$u_\mathrm{m}=3\mathrm{V}$，$f=1\mathrm{kHz}$）作用下，观测并描绘激励与响应的波形。

增减 R 值，定性观察对响应的影响，并作记录，当 R 增至 $1\mathrm{M}\Omega$ 时，输入输出波形有何本质的区别？

五、实验注意事项

1. 本实验用交流市电 220V，务必注意用电和人身安全。

2. 在接通电源前，应先将自耦调压器手柄置在零位上。

3. 功率表要正确接入电路，读数时要注意量程和实际读数的折算关系。

4. 如线路接线正确，日光灯不能启辉时，应检查启辉器及其接触是否良好。

六、实验报告

1. 什么样的电信号可作为 RC 一阶电路零输入响应、零状态响应和完全响应的激励信号？

2. 已知 RC 一阶电路 $R=10\mathrm{k}\Omega$，$C=0.1\mu\mathrm{F}$，试计算时间常数 τ，并根据 τ 值的物理意义拟定测定 τ 的方案。

3. 根据实验观测结果，在方格纸上绘出 RC 一阶电路充放电时 u_C 的变化曲线，由曲线测得 τ 值，并与参数值的计算结果作比较，分析误差原因。

4. 何谓积分电路和微分电路，它们必须具备什么条件？它们在方波序列脉冲的激励下，其输出信号波形的变化规律如何？这两种电路有何功用？

5. 根据实验观测结果，归纳、总结积分电路和微分电路的形成条件，阐明波形变换的特征。

6. 心得体会及其他。

实验十　正弦稳态交流电路相量的研究

一、实验目的

1. 研究正弦稳态交流电路中电压、电流相量之间的关系。
2. 掌握日光灯线路的接线方法。
3. 理解改善电路功率因数的意义并掌握其方法。

二、原理说明

1. 在单相正弦交流电路中,用交流电流表测得各支路的电流值,用交流电压表测得回路各元件两端的电压值,它们之间的关系应满足相量形式的基尔霍夫定律,即:

$$\sum \dot{I} = 0 \qquad \sum \dot{U} = 0$$

2. 如图 10-1 所示的 RC 串联电路,在正弦稳态信号 U 的激励下,$\dot{U}_R$ 与 $\dot{U}_C$ 保持有 90° 的相位差,即当阻值 R 改变时,$\dot{U}_R$ 的相量轨迹是一个半圆,$\dot{U}$、$\dot{U}_C$ 与 $\dot{U}_R$ 三者形成一个直角形的电压三角形。R 值改变时,可改变 φ 角的大小,从而达到移相的目的。

3. 日光灯线路如图 10-2 所示,图中 A 是日光灯管;L 是镇流器;S 是启辉器;C 是补偿电容器,用以改善电路的功率因数($\cos\varphi$ 值)。

有关日光灯的工作原理请自行查阅有关资料。

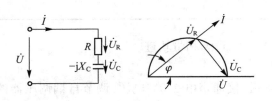

图 10-1　RC 串联电路

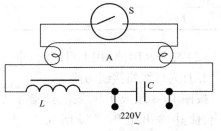

图 10-2　日光灯线路图

三、实验设备

实验设备见表 10-1。

实验设备　　　　　　　　　　　　　　　　　　　　　　表 10-1

序　　号	名　　称	型号与规格	数　量	备　注
1	单相交流电源	0 ~ 220V	1	
2	三相自耦调压器		1	
3	交流电压表		1	

序　号	名　称	型号与规格	数　量	备　注
4	交流电流表		1	
5	功率表		1	
6	白炽灯	15W/220V	2	
7	镇流器	与30W灯管配用	1	DGJ-04
8	电容器	1μF,2μF 4.7μF/450V		DGJ-05
9	启辉器	与30W灯管配用	1	DGJ-04
10	日光灯灯管	30W	1	
11	电门插座		3	DGJ-04

四、实验内容

1. RC 串联电路电压三角形测量。

（1）用 2 只 15W/220V 的白炽灯泡和 4.7μF/450V 电容器组成如图 10-1 所示的实验电路,经指导教师检查后,接通市电 220V 电源,将自耦调压器输出调至 220V。记录 U、U_R、U_C 值（表 10-2）,验证电压三角形关系。

实验记录（一）　　　　　　　　　　　　　　　　表 10-2

白炽灯盏数	测　量　值			计　算　值	
	$U(V)$	$U_R(V)$	$U_C(V)$	$U'(V)$	φ
2					
1					

（2）改变 R 阻值（用 1 只灯泡）重复（1）内容,验证 U_R 相量轨迹。

2. 日光灯线路接线与测量。

按图 10-3 组成实验线路,经指导教师检查后,接通市电 220V 电源,调节自耦调压器的输出,使其输出电压缓慢增大,直到日光灯刚启辉点亮为止,记下三只表的指示值（表 10-3）。然后将电压调至 220V,测量功率 P,电流 I,电压 U、U_L、U_A 等值,验证电压、电流相量关系。

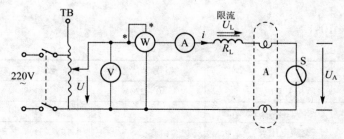

图 10-3　日光灯实验线路图

项 目	$P(\mathrm{W})$	$\cos\varphi$	$I(\mathrm{A})$	$U(\mathrm{V})$	$U_L(\mathrm{V})$	$U_A(\mathrm{V})$
启辉值						
正常工作值						

3.并联电路——电路功率因数的改善。

按图 10-4 组成实验线路。

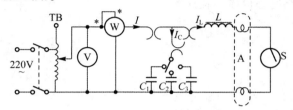

图 10-4 并联电路实验线路图

经指导教师检查后,接通市电 220V 电源,将自耦调压器的输出调至 220V,记录功率表、电压表读数。通过一只电流表和三个电门插座分别测量三条支路的电流,改变电容值,进行重复测量。其值记入表 10-4。

电容值（μF）	测 量 数 值					
	$P(\mathrm{W})$	$U(\mathrm{V})$	$I(\mathrm{A})$	$I_L(\mathrm{A})$	$I_C(\mathrm{A})$	$\cos\varphi$
0						
1						
2.2						
4.7						

五、实验注意事项

1.本实验用交流市电 220V,务必注意用电和人身安全。

2.在接通电源前,应先将自耦调压器手柄置在零位上。

3.功率表要正确接入电路,读数时要注意量程和实际读数的折算关系。

4.如线路接线正确,日光灯不能启辉时,应检查启辉器及其接触是否良好。

六、预习思考题

参阅课外资料,了解日光灯的启辉原理。

七、实验报告

1.完成数据表格中的计算,进行必要的误差分析。

2.根据实验数据,分别绘出电压、电流相量图,验证相量形式的基尔霍夫定律。

3.在日常生活中,当日光灯上缺少了启辉器时,人们常用一根导线将启辉器的两端短接一下,然后迅速断开,使日光灯点亮;或用一只启辉器去点亮多只同类型的日光灯。这是为什么?

4.为了提高电路的功率因数,常在感性负载上并联电容器。此时增加了一条电流支路,试问电路的总电流是增大还是减小,此时感性元件上的电流和功率是否改变?

5.提高电路功率因数为什么只采用并联电容器法,而不用串联法?所并的电容器是否越大越好?

6.安装日光灯线路的心得体会及其他。

实验十一 RLC 串联谐振电路的研究

一、实验目的

1. 学习用实验方法测试 RLC 串联谐振电路的幅频特性曲线。

2. 加深对电路发生谐振的条件、特点的理解,掌握电路品质因数的物理意义及其测定方法。

二、原理说明

1. 在图 11-1 所示的 RLC 串联电路中,当正弦交流信号源的频率 f 改变时,电路中的感抗、容抗随之而变,电路中的电流也随 f 而变。取电路电流 I 作为响应,当输入电压 U_i 维持不变时,在不同信号频率的激励下,测出电阻 R 两端电压 U_0 之值,则 $I = \dfrac{U_0}{R}$,然后以 f 为横坐标,以 I 为纵坐标,绘出光滑的曲线,此即为幅频特性,亦称电流谐振曲线,如图 11-2 所示。

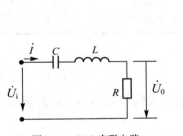

图 11-1 RLC 串联电路

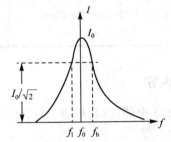

图 11-2 幅频特性曲线

2. 在 $f = f_0 = \dfrac{1}{2\pi\sqrt{LC}}$ 处($X_L = X_C$),即幅频特性曲线尖峰所在的频率点,该频率称为谐振频率。此时,电路呈纯阻性,电路阻抗的模为最小,在输入电压 U_i 为定值时,电路中的电流 I_0 达到最大值,且与输入电压 U_i 同相位。从理论上讲,此时 $U_i = U_{R0} = U_0$,$U_{L0} = U_{C0} = QU_i$,其中 Q 为电路的品质因数。

3. 电路品质因数 Q 值的两种测量方法。

一个方法是根据公式:

$$Q = \frac{U_{L0}}{U_i} = \frac{U_{C0}}{U_i}$$

测定,U_{C0} 与 U_{L0} 分别为谐振时电容器 C 和电感线圈 L 上的电压。

另一方法是通过测量谐振曲线的通频带宽度:

$$\Delta f = f_h - f_l$$

再根据:

$$Q = \frac{f_0}{f_h - f_1}$$

求出 Q 值。

式中，f_0 为谐振频率；f_h 和 f_1 为失谐时，幅度下降到最大值的 $\frac{1}{\sqrt{2}}$（即 0.707）倍时的上、下频率点。

Q 值越大，曲线越尖锐，通频带越窄，电路的选择性越好，在恒压源供电时，电路的品质因数、选择性与通频带只决定于电路本身的参数，而与信号源无关。

三、实验设备

实验设备见表 11-1。

实 验 设 备

表 11-1

序 号	名 称	型号与规格	数 量	备 注
1	函数信号发生器		1	
2	交流毫伏表		1	
3	双踪示波器		1	
4	频率计		1	
5	谐振电路实验线路板	$R = 510\Omega$、$1.5k\Omega$ $C = 2400pF$ L 约 30mH		DGJ-03

四、实验内容

1. 按图 11-3 电路接线，取 $R = 510\Omega$，调节信号源输出电压为 1V 正弦信号，并在整个实验过程中保持不变。

2. 找出电路的谐振频率 f_0。其方法是：将交流毫伏表跨接在电阻 R 两端，令信号源的频率由小逐渐变大（注意要维持信号源的输出幅度不变）。当 U_0 的读数为最大时，读得频率计上的频率值即为电路的谐振频率 f_0，并测量 U_0、U_{L0}、U_{C0} 之值（注意及时更换毫伏表的量限），记入表格中（表 11-2）。

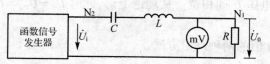

图 11-3　实验电路接线图

实验记录表（一）

表 11-2

$R(k\Omega)$	$f_0(kHz)$	$U_{RO}(V)$	$U_{L0}(V)$	$U_{C0}(V)$	$I_0(mA)$	Q
0.5						
1.5						

3. 在谐振点两侧,应先测出下限频率f_l和上限频率f_h及相对应的U_R值,然后再逐点测出不同频率下U_R值,记入表 11-3 中。

实验记录表(二)　　　　　　　　　　　　　　表 11-3

R(kΩ)		f_0
0.51	f(kHz)	
	U_R(V)	
	I(mA)	
1.5	f(kHz)	
	U_R(V)	
	I(mA)	

4. 取 $R=1.5\text{k}\Omega$,重复步骤 2、3 的测量过程。

五、实验注意事项

1. 测试频率点的选择应在靠近谐振频率附近多取几点。在变换频率测试时,应调整信号输出幅度,使其维持在 1V 输出不变。

2. 在测量 U_{C0} 和 U_{L0} 数值前,应及时改换毫伏表的量限,而且在测量 U_{C0} 与 U_{L0} 时毫伏表的"+"端接 C 与 L 的公共点,其接地端分别触及 L 和 C 的近地端 N_1 和 N_2。

3. 实验过程中交流毫伏表电源线采用两线插头。

六、预习思考题

1. 根据实验电路板给出的元件参数值,估算电路的谐振频率。

2. 要提高 RLC 串联电路的品质因数,电路参数应如何改变?

七、实验报告

1. 根据测量数据,绘出不同 Q 值时两条幅频特性曲线。

2. 改变电路的哪些参数可以使电路发生谐振? 电路中 R 的数值是否影响谐振频率值?

3. 如何判别电路是否发生谐振? 测试谐振点的方案有哪些?

4. 电路发生串联谐振时,为什么输入电压不能太大? 如果信号源给出 1V 的电压,电路谐振时,用交流毫伏表测 U_L 和 U_C,应该选择多大的量限?

5. 谐振时,比较输出电压 U_0 与输入电压 U_i 是否相等? 试分析原因。

6. 谐振时,对应的 U_{C0} 与 U_{L0} 是否相等? 如有差异,原因何在?

7. 对两种不同的测量 Q 值的方法进行比较,分析误差原因。

8. 通过本次实验,总结、归纳串联谐振电路的特性。

43

实验十二 三相交流电路电压、电流的测量

一、实验目的

1. 掌握三相负载作星形连接、三角形连接的方法,验证这两种接法下线、相电压,线、相电流之间的关系。

2. 充分理解三相四线供电系统中线的作用。

二、原理说明

1. 三相负载可接成星形(又称 Y 接)或三角形(又称 △ 接)。当三相对称负载作 Y 形连接时,线电压 U_l 是相电压 U_P 的 $\sqrt{3}$ 倍,线电流 I_l 等于相电流 I_P,即:

$$U_l = \sqrt{3} U_P \qquad I_l = I_P$$

当采用三相四线制接法时,流过中线的电流 $I_0 = 0$,所以可以省去中线。

当对称三相负载作 △ 连接时,有:

$$I_l = \sqrt{3} I_P \qquad U_l = U_P$$

2. 不对称三相负载作 Y 连接时,必须采用三相四线制接法,即 Y_0 接法。而且中线必须牢固连接,以保证三相不对称负载的每相电压维持对称不变。

如果中线断开,会导致三相负载电压的不对称,致使负载轻的那一相的相电压过高,使负载遭受损坏;负载重的那一相相电压又过低,使负载不能正常工作。尤其是对于三相照明负载,无条件地一律采用 Y_0 接法。

3. 对于不对称负载作 △ 接时,$I_l \neq \sqrt{3} I_P$,但只要电源的线电压 U_l 对称,加在三相负载上的电压仍是对称的,对各相负载工作没有影响。

三、实验设备

实验设备见表 12-1。

实 验 设 备   表 12-1

序　号	名　称	型号与规格	数　量	备　注
1	三相交流电源	3φ/0～220V	1	
2	三相自耦调压器		1	
3	交流电压表		1	
4	交流电流表		1	
5	三相灯组负载	15W/220V 白炽灯	9	DGJ-04
6	电门插座		3	DGJ-04

四、实验内容

1. 三相负载星形连接(三相四线制供电)。

按图 12-1 线路组接实验电路,即三相灯组负载经三相自耦调压器接通三相对称电源,并将三相调压器的旋柄置于三相电压输出为 0V 的位置。经指导教师检查后,方可合上三相电源开关,然后调节调压器的输出,使输出的三相线电压为 220V,按数据表格所列各项要求分别测量三相负载的线电压、相电压、线电流(相电流)、中线电流、电源与负载中点间的电压,并记录于表 12-2 中。同时,观察各相灯组亮暗的变化程度,特别要注意观察中线的作用。

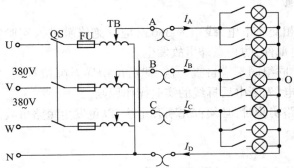

图 12-1　三相负载星形连接电路图

实 验 记 录 表　　　　　　　　　　　　　　　　表 12-2

测量数据 负载情况	开灯盏数			线电流(A)			线电压(V)			相电压(V)			中线 电流	中点 电压
	A 相	B 相	C 相	I_A	I_B	I_C	U_{AB}	U_{BC}	U_{CA}	U_{A0}	U_{B0}	U_{C0}	I_0(A)	U_{N0}(V)
Y_0接平衡负载														
Y 接平衡负载														
Y_0接不平衡负载														
Y 接不平衡负载														
Y_0接 B 相断开	1	断	3											
Y 接 B 相断开	1	断	3											
Y 接 B 相短路	1	短	3											

2. 负载三角形连接(三相三线制供电)。

按图 12-2 改接线路,经指导教师检查后接通三相电源,调节调压器,使其输出线电压为 220V,按数据表格的内容进行测试(表 12-3)。

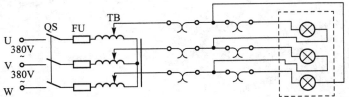

图 12-2　负载三角形连接电路图

测量数据负载情况	开 灯 盏 数			线电压 = 相电压（V）			线电流（A）			相电流（A）		
	A-B相	B-C相	C-A相	U_{AB}	U_{BC}	U_{CA}	I_A	I_B	I_C	I_{AB}	I_{BC}	I_{CA}
△连接三相平衡												
△连接三相不平衡												

五、实验注意事项

1. 本实验采用三相交流市电，线压为 380V，应穿绝缘鞋进入实验室。实验时要注意人身安全，不可触及导电部件，防止意外事故发生。

2. 每次接线完毕，同组同学应自查一遍，然后由指导教师检查后，方可接通电源。必须严格遵守先接线后通电、先断电后拆线的实验操作原则。

3. 星形负载作短路实验时，必须首先断开中线，以免发生短路事故。

六、预习思考题

1. 三相负载根据什么条件作星形或三角形连接？

2. 复习三相交流电路有关内容。分析三相星形连接不对称负载在无中线情况下，当某相负载开路或短路时会出现什么情况？如果接上中线，情况又如何？

3. 本次实验中，为什么要通过三相调压器将 380V 的市电线电压降为 220V 的线电压使用？

七、实验报告

1. 用实验测得的数据验证对称三相电路中的 $\sqrt{3}$ 关系。

2. 用实验数据和观察到的现象，总结三相四线供电系统中线的作用。

3. 不对称三角形连接的负载，能否正常工作？实验是否能证明这一点？

4. 根据不对称负载三角形连接时的相电流值作相量图，并求出线电流值，然后与实验测得的线电流作比较，并分析。

5. 心得体会及其他。

实验十三　晶体管共射极单管放大器实验

一、实验目的

1. 学习放大器静态工点的调试方法，以及对放大器性能的影响。
2. 学习测量放大器的 Q 点、A_U、R_i 和 R_o 的方法，了解共射电路的特点。

二、实验设备

示波器、信号源、模拟电路实验箱、数字万用电表等。

三、实验内容

1. 调试静态工作点：按图 13-1 连接线路，令 $U_i = 0$，调节 R_w，使 $I_C = 1\text{mA}(U_{RC1} = 5.1\text{V})$，然后按表 13-1 的要求测量各静态值。

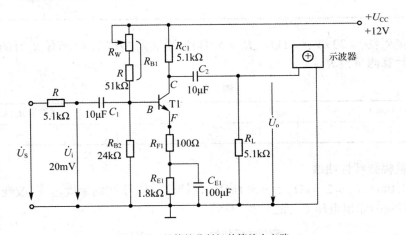

图 13-1　晶体管共射极单管放大电路

静态值测量　　　　　　　　　　　　　　　　　　　　　　表 13-1

测　量　值				计　算　值		
$U_B(\text{V})$	$U_E(\text{V})$	$U_C(\text{V})$	$U_{RC1}(\text{V})$	$U_{BE}(\text{V})$	$U_{CE}(\text{V})$	$I_B(\text{mA})$

2. 测量电压放大倍数：$U_i = 20\text{mV}$；$f = 1\text{kHz}$，用示波器观察 U_o 应无失真，用毫伏表分别测量 $R_L = 10\text{k}\Omega$ 和 $R_L = \infty$ 时的 U_o，将测量值及 U_i 与 U_o 的相位波形记入表 13-2 中。

$R_c(k\Omega)$	$R_L(k\Omega)$	$U_o(V)$	$A_U = \dfrac{U_o}{U_i}$	U_i 的波形	U_o 的波形
5.1KΩ	5.1KΩ				
	∞				

3. 测量输入电阻 R_i 和输出电阻 R_o：输入、输出电阻测量原理如图 13-2 所示。

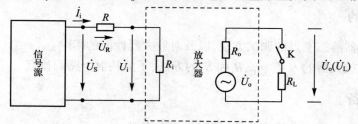

图 13-2   输入、输出电阻测量电路

（1）测量 R_i：$U_i = 20\text{mV}$，$f = 1\text{kHz}$，$R_L = 5.1\text{k}\Omega$，测量 U_S 填入表 13-3 中，计算测量值 R_i。

测 量 R_i 表 13-3

$U_S(\text{mV})$	$U_i(\text{mV})$	测算值 $R_i(\text{k}\Omega)$

（2）测量 R_o：$U_i = 20\text{mV}$，$f = 1\text{kHz}$，$R_L = 5.1\text{k}\Omega$，测量无 R_L 时的 U_o 和有 R_L 时的 U_L，并填入表 13-4 中，计算测量值 R_o。

测 量 R_o 表 13-4

$U_o(\text{mV})$	$U_L(\text{mV})$	测算值 $R_o(\text{k}\Omega)$

＊4. 测量幅频特性曲线。

取 $I_C = 2.0\text{mA}$，$R_C = 2.4\text{k}\Omega$，$R_L = 5.1\text{k}\Omega$。保持输入信号 U_i 的幅度不变，改变信号源频率 f，逐点测出相应的输出电压 U_o，记入表 13-5。

测量幅频特性（$U_i = $ mV）   表 13-5

频率点	f_L	f_o	f_H
$f(\text{kHz})$			
$U_o(\text{V})$			
$A_u = U_o/U_i$			

为了信号源频率 f 取值合适，可先粗测一下，找出中频范围，然后再仔细读数。

四、预习要求

1. 阅读附录中有关放大器干扰和自激振荡消除内容。

2. 能否用直流电压表直接测量晶体管的 U_{BE}？为什么实验中要采用测 U_B、U_E，再间接算出 U_{BE} 的方法？

3. 怎样测量 R_{B2} 阻值？

4. 改变静态工作点对放大器的输入电阻 R_i 有否影响？改变外接电阻 R_L 对输出电阻 R_o 有否影响？

5. 在测试 A_V、R_i 和 R_o 时怎样选择输入信号的大小和频率？为什么信号频率一般选 1kHz，而不选 100kHz 或更高？

6. 测试中，如果将函数信号发生器、交流毫伏表、示波器中任一仪器的两个测试端子接线换位（即各仪器的接地端不再连在一起），将会出现什么问题？

五、实验报告

1. 阅读教材中有关单管放大电路的内容并估算实验电路的性能指标。

假设：$\beta = 100$，$R_{B1} = 20k\Omega$，$R_{B2} = 60k\Omega$，$R_C = 2.4k\Omega$，$R_L = 2.4k\Omega$。估算放大器的静态工作点、电压放大倍数 A_V、输入电阻 R_i 和输出电阻 R_o。

2. 列表整理测量结果，并把实测的静态工作点、电压放大倍数、输入电阻、输出电阻之值与理论计算值比较（取一组数据进行比较），分析产生误差原因。

3. 当调节偏置电阻 R_{B2}，使放大器输出波形出现饱和或截止失真时，晶体管的管压降 U_{CE} 怎样变化？

4. 总结 R_C、R_L 及静态工作点对放大器电压放大倍数、输入电阻、输出电阻的影响。

5. 讨论静态工作点变化对放大器输出波形的影响。

6. 分析讨论在调试过程中出现的问题。

实验十四　场效应管放大器

一、实验目的

1. 了解结型场效应管的性能和特点。
2. 进一步熟悉放大器动态参数的测试方法。

二、实验原理

场效应管是一种电压控制型器件。按结构可分为结型和绝缘栅型两种类型。由于场效应管栅源之间处于绝缘或反向偏置,所以输入电阻很高(一般可达上百兆欧)。又由于场效应管是一种多数载流子控制器件,因此热稳定性好,抗辐射能力强,噪声系数小。加之制造工艺较简单,便于大规模集成,因此得到越来越广泛的应用。

三、实验设备

示波器、信号源、模拟电路实验箱、数字万用电表等。

四、实验内容

1. 静态工作点的测量和调整。

(1)接图 14-1 连接电路,令 $u_i = 0$,接通 +12V 电源,用直流电压表测量 U_G、U_S 和 U_D。检查静态工作点是否在特性曲线放大区的中间部分。如合适,则把结果记入表 14-1。

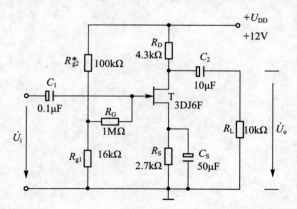

图 14-1　结型场效应管共源级放大器

(2)不合适,则适当调整 R_{g2} 和 R_S。调好后,再测量 U_G、U_S 和 U_D,记入表 14-1。

50

静态工作点测量和调整　　　　　　　　　表 14-1

测　　量　　值						计　　算　　值		
$U_G(V)$	$U_S(V)$	$U_D(V)$	$U_{DS}(V)$	$U_{GS}(V)$	$I_D(mA)$	$U_{DS}(V)$	$U_{GS}(V)$	$I_D(mA)$

2. 电压放大倍数 A_V、输入电阻 R_i 和输出电阻 R_o 的测量。

（1）A_V 和 R_o 的测量。

在放大器的输入端加入 $f=1kHz$ 的正弦信号 U_i（50～100mV），并用示波器监视输出电压 u_o 的波形。在输出电压 u_o 没有失真的条件下，用交流毫伏表分别测量 $R_L=\infty$ 和 $R_L=10k\Omega$ 时的输出电压 U_o（注意：保持 U_i 幅值不变），记入表 14-2。

测量 A_V 和 R_o　　　　　　　　　表 14-2

测　　量　　值				计　　算　　值		
项目	$U_i(V)$	$U_o(V)$	A_V	$R_o(k\Omega)$	A_V	$R_o(k\Omega)$
$R_L=\infty$						
$R_L=10k\Omega$						

用示波器同时观察 u_i 和 u_o 的波形，描绘出来并分析它们的相位关系。

（2）R_i 的测量。

由于场效应管的 R_i 比较大，如直接测输入电压 U_S 和 U_i，则限于测量仪器的输入电阻有限，必然会带来较大的误差。因此，为了减小误差，常利用被测放大器的隔离作用，通过测量输出电压 U_o 来计算输入电阻。测量电路如图 14-2 所示。

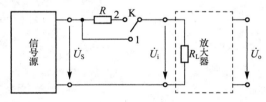

图 14-2　输入电阻测量电路

按图 14-2 改接实验电路，选择合适大小的输入电压 U_S（50～100mV）。将开关 K 掷向"1"，测出 $R=0$ 时的输出电压 U_{o1}；然后将开关掷向"2"（接入 R），保持 U_S 不变，再测出 U_{o2}。根据公式：

$$R_i = \frac{U_{o2}}{U_{o1}-U_{o2}}R$$

求出 R_i，记入表 14-3。

计　算　R_i　　　　　　　　　表 14-3

测　　量　　值			计　算　值
$U_{o1}(V)$	$U_{o2}(V)$	$R_i(k\Omega)$	$R_i(k\Omega)$

五、实验总结

1. 整理实验数据，将测得的 A_V、R_i、R_o 和理论计算值进行比较。

2. 把场效应管放大器与晶体管放大器进行比较，总结场效应管放大器的特点。

3. 分析测试中的问题，总结实验收获。

六、预习要求

1. 复习有关场效应管部分内容，并分别用图解法与计算法估算管子的静态工作点（根据实验电路参数），求出工作点处的跨导 g_m。

2. 场效应管放大器输入回路的电容 C_1 为什么可以取得小一些（可以取 $C_1 = 0.1 \mu F$）？

3. 在测量场效应管静态工作电压 U_{GS} 时，能否用直流电压表直接并联在 G、S 两端测量？为什么？

4. 为什么测量场效应管输入电阻时要用测量输出电压的方法？

实验十五　负反馈放大器实验

一、实验目的

加深对负反馈的理解。

二、实验设备

示波器、信号源、模拟电路实验箱、数字万用电表等。

三、实验内容

1. 调整并测量静态工作点。

按图 15-1 连线,令 $U_i = 0$,调节 R_{W1},使 $I_{C1} = 1mA$($U_{RC1} = 2.4V$)。然后调节 R_{W2},使 $I_{C2} = 2mA$($U_{RC2} = 4.8V$)。再按表 15-1 的要求测量各级静态值。

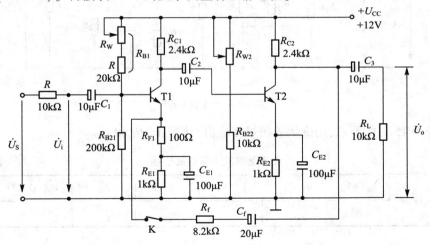

图 15-1　带有电压串联负反馈的两级阻容耦合放大器

测 量 静 态 值　　　　　　　　　　　　表 15-1

测量值	$U_E(V)$	$U_B(V)$	$U_C(V)$	$I_C(mA)$
第一级				1
第二级				2

2. 测试负反馈放大器的各项性能指标。

(1)将图 15-1 中的开关 K 拨向"通"(电路为电压串联负反馈),$R_L = 10k\Omega$。

（2）调节 U_S 使 $U_i = 4\text{mV}$，$f = 1\text{kHz}$（中频），按表 15-2 的要求，用毫伏表测量相应值，计算 A_{uf}、R_{if} 和 R_{of}。

测量负反馈放大器性能指标   表 15-2

	$U_S(\text{mV})$	$U_i(\text{mV})$	$U_L(\text{V})$	$U_o(\text{V})$	A_{uf}	$R_{if}(\text{k}\Omega)$	$R_{of}(\text{k}\Omega)$
负反馈放大器							

3. 测量基本放大器的各项性能指标。

（1）$U_i = 4\text{mV}$，$f = 1\text{kHz}$，将图 15-1 中的开关 K 拨向"断"，电路变为无反馈的基本放大器，如图 15-2 所示。由于负反馈放大器存在负载效应现象，所以在电路变为基本放大器后，R_L 和 R_{F1} 的阻值应分别变为 $(R_{F1} + R_f)//R_L = 4.5\text{k}\Omega$ 和 $R_{F1}//R_f = 98\Omega$。

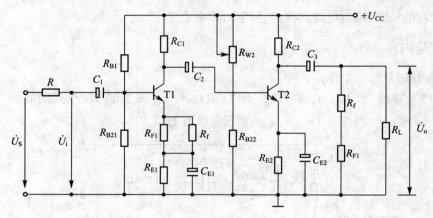

图 15-2　基本放大器

（2）按表 15-3 的要求，用毫伏表测量相应值，计算 A_u、R_i 和 R_o。

测量基本放大器性能指标   表 15-3

	$U_S(\text{mV})$	$U_i(\text{mV})$	$U_L(\text{V})$	$U_o(\text{V})$	A_u	$R_i(\text{k}\Omega)$	$R_o(\text{k}\Omega)$
基本放大器							

四、实验总结

1. 将基本放大器和负反馈放大器动态参数的实测值和理论估算值列表进行比较。

2. 根据实验结果，总结电压串联负反馈对放大器性能的影响。

五、预习要求

1. 复习教材中有关负反馈放大器的内容。

2. 按实验电路图 15-1 估算放大器的静态工作点（取 $\beta_1 = \beta_2 = 100$）。

3. 怎样把负反馈放大器改接成基本放大器？为什么要把 R_f 并接在输入和输出端？

4. 估算基本放大器的 A_u、R_i 和 R_o；估算负反馈放大器的 A_{uf}、R_{if} 和 R_{of}，并验算它们之间的关系。

5. 如按深负反馈估算，则闭环电压放大倍数 A_{Vf} 为多少？和测量值是否一致？为什么？

6. 如输入信号存在失真，能否用负反馈来改善？

7. 怎样判断放大器是否存在自激振荡？如何进行消振？

实验十六　射极跟随器实验

一、实验目的

理解射极输出器的基本特性,学习相关参数的测试方法。

二、实验设备

模电实验箱,示波器,数字万用电表。

三、实验内容

1. 静态工作点的调整:按图 16-1 连接好电路,令 $U_i = 0$,调节 R_w,直至万用电表测得的直流电压 $U_E = 5.4V$ 为止($I_C = 2mA$)。然后按表 16-1 的要求测量其他电压值。

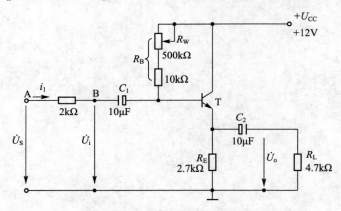

图 16-1　射极跟随器实验电路

静态值测量　　　　　　　　　　　　　　　　　　　　　　表 16-1

$U_E(V)$	$U_B(V)$	$U_C(V)$	$I_C = I_E = U_E/R_E$

2. 测量电压放大倍数 A_v:$U_i = 2V$,$f = 1kHz$,$R_L = 4.7k\Omega$,用毫伏表测出 U_L,填入表 16-2中,并计算 A_U。

测量 A_v　　　　　　　　　　　　　　　　　　　　　　表 16-2

$U_i(V)$	$U_L(V)$	A_U

3. 测量 R_i：$U_i = 2V$，$f = 1kHz$，$R_L = 4.7k\Omega$，测量 U_S 填入表 16-3 中，计算 R_i。

测 量 R_i 表 16-3

$U_S(V)$	$U_i(V)$	$R_i = U_i R/(U_S - U_i)$

4. 测量 R_o：$U_i = 2V$，$f = 1kHz$，$R_L = 4.7k\Omega$，测量无 R_L 时的 U_o 和有 R_L 时的 U_L，将其填入表 16-4 中，计算 R_o。

测 量 R_o 表 16-4

$U_o(V)$	$U_L(V)$	$R_o = (U_o/U_L - 1)R_L$

四、实验报告

1. 整理实验数据，并画出曲线 $U_L = f(U_i)$ 及 $U_L = f(f)$ 曲线。
2. 分析射极跟随器的性能和特点。

实验十七　差动放大器实验

一、实验目的

熟悉差动放大电路的工作原理,掌握差动放大电路的测试方法。

二、实验设备

模拟电路实验箱,交流数字毫伏表,数字万用电表。

三、实验内容

1. 测量静态工作点:按图 17-1 连接好线路,开关 K 拨向左侧。将输入端 A、B 接地,分别测量 T_1、T_2 管各极对地的电压和集电极电流,填入表 17-1 中。

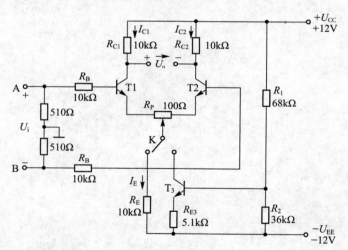

图 17-1　差动放大器实验电路

静 态 值 测 量　　　　　　　　　　　　　　表 17-1

测量值(V)						测量值(mA)	
U_{C1}	U_{B1}	U_{E1}	U_{C2}	U_{B2}	U_{E2}	I_{C1}	I_{C2}

2. 测量差模电压放大倍数(条件: $U_i = 0.1\text{V}$,$f = 1\text{kHz}$),按表 17-2 的要求,依次测量有关数据。

測量差模電壓放大倍數　　　　　　　　　　　表 17-2

工 作 模 式	差模測量值（V）					
	U_i	U_{C1}	U_{C2}	U_o	A_{C1}	A_C
典型（K 撥向左）						
恒流源（K 撥向右）						

3. 測量共模電壓放大倍數（條件：$U_i = 0.1V$，$f = 1kHz$），按表 17-3 的要求，依次測量有關數據，計算共模抑制比（CMRR）。

測量共模電壓放大倍數　　　　　　　　　　　表 17-3

工 作 模 式	共模測量值（V）					
	U_i	U_{C1}	U_{C2}	U_o	A_{C1}	A_C
典型（K 撥向左）						
恒流源（K 撥向右）						

四、預習要求

1. 根據實驗電路參數，估算典型差動放大器和具有恒流源的差動放大器的靜態工作點及差模電壓放大倍數（取 $\beta_1 = \beta_2 = 100$）。

2. 測量靜態工作點時，放大器輸入端 A、B 與地應如何連接？

3. 實驗中怎樣獲得雙端和單端輸入差模信號？怎樣獲得共模信號？畫出 A、B 端與信號源之間的連接圖。

4. 怎樣進行靜態調零點？用什麼儀表測量 U_o？

5. 怎樣用交流毫伏表測雙端輸出電壓 U_o？

五、實驗報告

1. 整理實驗數據，列表比較實驗結果和理論估算值，分析誤差原因。

（1）靜態工作點和差模電壓放大倍數。

（2）典型差動放大電路單端輸出時 CMRR 的實測值與理論值比較。

（3）典型差動放大電路單端輸出時 CMRR 的實測值與具有恒流源的差動放大器 CMRR 的實測值比較。

2. 比較 u_i、u_{C1} 和 u_{C2} 之間的相位關係。

3. 根據實驗結果，總結電阻 R_E 和恒流源的作用。

实验十八　比例求和运算电路

一、实验目的

掌握运算放大器的特点及性能,学习运算放大器的测试方法。

二、实验设备

数字万用电表,模拟电路实验箱。

三、实验内容

1. 反相比例运算电路。

照图 18-1 接好电路,按表 18-1 的要求,调节直流信号 U_I,测量相应的 U_o,记入表 18-1 中。

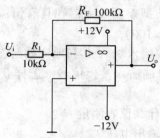

图 18-1　反相比例运算电路

反相比例运算电路测算　　　　　　　　　　　　　　　　表 18-1

$U_I(V)$	0.2	0.4	0.6	0.8	1.0	A_V	
$U_o(V)$						测算值	计算值

2. 同相比例运算电路。

照图 18-2 接好电路,按表 18-2 的要求,调节直流信号 U_I,测量相应的 U_o,记入表 18-2 中。

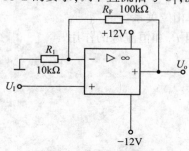

图 18-2　同相比例运算电路

$U_1(V)$	0.2	0.4	0.6	0.8	1.0	A_V	
						测算值	计算值
$U_o(V)$							

3. 反相加法运算电路。

照图 18-3 接好电路,按表 18-3 的要求,调节直流信号 U_{i1} 和 U_{i2},测量相应的 U_o,记入表 18-3 中。

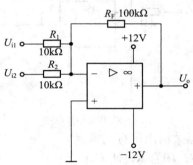

图 18-3   反相加法运算电路

反相加法运算电路测量   表 18-3

$U_{i1}(V)$	0.2	-0.4	0.6	-0.2	0.5
$U_{i2}(V)$	-0.1	0.2	-0.3	0.8	-0.5
加法 $U_o(V)$					

4. 减法运算电路。

照图 18-4 接好电路,按表 18-4 的要求,调节直流信号 U_{i1} 和 U_{i2},测量相应的 U_o,记入表 18-4 中。

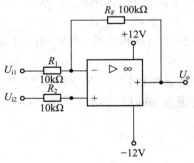

图 18-4   减法运算电路

减法运算电路测量   表 18-4

$U_{i1}(V)$	0.2	-0.4	0.6	-0.2	0.5
$U_{i2}(V)$	-0.1	0.2	-0.3	0.8	-0.5
减法 $U_o(V)$					

5. 积分运算电路。

实验电路如图 18-5 所示。

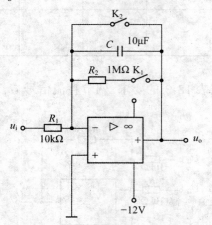

图 18-5 积分运算电路

（1）打开 K_2，闭合 K_1，对运放输出进行调零。

（2）调零完成后，再打开 K_1，闭合 K_2，使 $U_C(o) = 0$。

（3）预先调好直流输入电压 $U_i = 0.5V$，接入实验电路，再打开 K_2，然后用直流电压表测量输出电压 U_o，每隔 5s 读一次 U_o，记入表 18-5，直到 U_o 不继续明显增大为止。

积分运算电路测量   表 18-5

$t(s)$	0	5	10	15	20	25	30	…
$U_o(V)$								

四、实验总结

1. 分析、推导反相比例运算电路、同相比例放大、加法电路和减法电路输入与输出之间理论关系。

2. 设计不同放大倍数的反相比例运算电路、同相比例放大、加法电路和减法电路，并指出输入与输出之间关系。

3. 将理论计算结果和实测数据相比较，分析产生误差的原因。

4. 分析讨论实验中出现的现象和问题，提出相应解决问题的实验方案。

实验十九 低频功率放大器

一、实验目的

1. 掌握 OTL 低频功率放大器的工作原理。
2. 学习 OTL 低频功率放大器静态工作点、输出功率及效率的测试方法。

二、实验设备

模拟电路实验箱,示波器,交流毫伏表,数字万用电表。

三、实验内容

1. 调试工作点。

(1)按图 19-1 连接电路,调 R_{W1} 使中点 A 对地的电压 $U_A = 2.5V$。

(2)$U_s = 10mV$,$f = 1kHz$,$R_L = 20\Omega$,用示波器观察输出电压 U_o 的交越失真波形,调节 R_{W2} 使交越失真刚好消除为止。

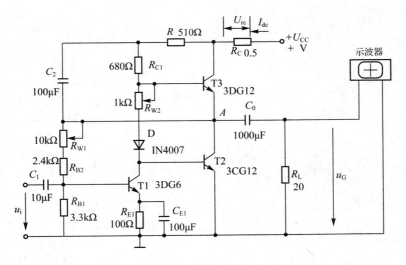

图 19-1 OTL 功率放大器实验电路

2. 测量功率放大器的最大不失真输出功率 P_{om}:在步骤 1 的基础上,调节 U_i,使 U_o 最大且不出现削顶失真为止。用毫伏表测 U_o 记入表 19-1 中。

3. 测量电源提供给功率放大器的功率 P_E:在步骤 2 的基础上,用万用电表的直流电压挡,测量 0.5Ω 限流电阻 R_c 两端的电压 U_{RC},记入表 19-1 中。

测　量　P_E

表 19-1

负载 （Ω）	测　量　值			计　算　值			
	U_o（V）	U_{CC}（V）	U_{RC}（V）	I_{DC}（mA）	P_{om}（W）	P_E（W）	η

四、实验报告

整理计算实验数据，找出功率放大器的实际效率与理论值的差距，分析原因。

实验二十　整流、滤波与稳压电路

一、实验目的

掌握整流、滤波、稳压直流电源的电路形式和特点,了解其工作原理。

二、实验设备

模拟电路实验箱,示波器,万用电表。

三、实验内容

1. 半波整流电路。

按图 20-1 连接好线路($U_2 = 7.5\text{V}$),检查无误后开启电源。用万用电表分别测量 U_2 和 U_L,将其记入表中。用示波器观察并描绘 U_L 的波形于表 20-1 中。

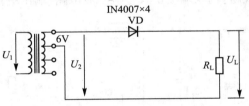

图 20-1　半波整流电路

半波整流电路测量　　　　　　　　　　　　　　表 20-1

$R_L(\Omega)(C=470\mu\text{F})$	电 路 形 式	$U_2(\text{V})$	$U_L(\text{V})$	U_L/U_2	U_L 波形
200	半波整流				
200	桥式整流				
200	整流、滤波电路				

2. 桥式整流电路。

按图 20-2 连接好线路($U_2 = 6V$)，断开电容器 C_1，检查无误后开启电源。用万用电表分别测量 U_2 和 U_L，将其记入表 20-1 中。用示波器观察并描绘 U_L 的波形于表中。

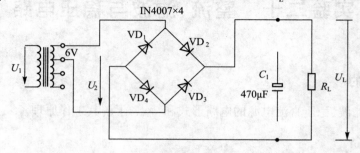

图 20-2　桥式整流及滤波电路

3. 整流、滤波电路。

按图 20-2 连接好线路($U_2 = 6V$)，接入电容器 C_1（电容的正负极性不能接错），检查无误后开启电源。用万用电表分别测量 U_2 和 U_L，记入表 20-1 中。用示波器观察并描绘 U_L 的波形于表中。

4. 稳压电路。

（1）按图 20-3 连接线路：输入端接桥式整流滤波电路、输出端接负载电阻 R_L。

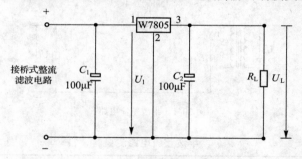

图 20-3　由 W7805 构成的串联型稳压电路

（2）在输出端分次接入负载电阻 $R_L = 240\Omega$ 和 120Ω，测量相应的输出电压 U_L 和输出电流 I_o，记入表 20-2 中。

（3）在改变负载电阻前、后，应分别观察 U_L 值和波形是否保持不变，并描绘 U_L 的波形，若 U_L 变化较大，则说明集成块性能不良。

稳 压 电 路 测 量　　　　　　　　　　　　表 20-2

$R_L(\Omega)$	$U_L(V)$	$I_o(mA)$	U_L 波形
200			

四、实验报告

对表 20-1 及表 20-2 所测结果进行全面分析,总结半波整流、桥式整流、电容滤波及稳压电路的特点。将实验结果与理论值对比,说明引起误差的原因。

实验二十一　晶闸管可控整流电路

一、实验目的

1. 学习单结晶体管和晶闸管的简易测试方法。
2. 熟悉单结晶体管触发电路(阻容移相桥触发电路)的工作原理及调试方法。
3. 熟悉用单结晶体管触发电路控制晶闸管调压电路的方法。

二、原理说明

可控整流电路的作用是把交流电变换为电压值可以调节的直流电。图 21-1 所示为单相半控桥式整流实验电路。主电路由负载 R_L(灯泡)和晶闸管 T_1 组成,触发电路为单结晶体管 T_2 及一些阻容元件构成的阻容移相桥触发电路。改变晶闸管 T_1 的导通角,便可调节主电路的可控输出整流电压(或电流)的数值,这点可由灯泡负载的亮度变化看出。晶闸管导通角的大小决定于触发脉冲的频率 f,由公式:

$$f = \frac{1}{RC} \ln\left(\frac{1}{1-\eta}\right)$$

可知,当单结晶体管的分压比 η(一般在 $0.5 \sim 0.8$ 范围)及电容 C 值固定时,频率 f 大小由 R 决定。因此,通过调节电位器 R_W,可以改变触发脉冲频率,主电路的输出电压也随之改变,从而达到可控调压的目的。

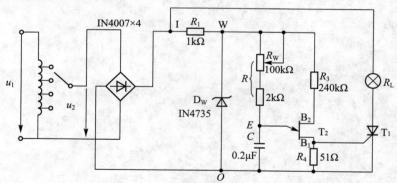

图 21-1　单相半控桥式整流实验电路

用万用电表的电阻挡(或用数字万用电表二极管挡)可以对单结晶体管和晶闸管进行简易测试。

图 21-2 所示为单结晶体管 BT33 管脚排列、结构图及电路符号。好的单结晶体管 PN 结正向电阻 R_{EB1}、R_{EB2} 均较小,且 R_{EB1} 稍大于 R_{EB2},PN 结的反向电阻 R_{B1E}、R_{B2E} 均应很大。根据所测阻值,即可判断出各管脚及管子的质量优劣。

图 21-3 所示为晶闸管 3CT3A 管脚排列、结构图及电路符号。晶闸管阳极（A）—阴极（K）及阳极（A）—门极（G）之间的正、反向电阻 R_{AK}、R_{KA}、R_{AG}、R_{GA} 均应很大，而 G—K 之间为一个 PN 结，PN 结正向电阻应较小，反向电阻应很大。

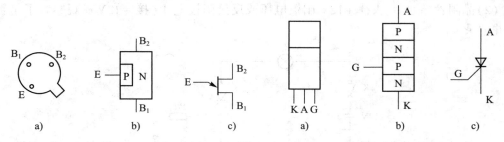

图 21-2　单结晶体管 BT33 管脚排列、结构图及电路符号　　图 21-3　晶闸管管脚排列、结构图及电路符号

三、实验设备及器件

1．±5V、±12V 直流电源。

2．可调工频电源。

3．万用电表。

4．双踪示波器。

5．交流毫伏表。

6．直流电压表。

7．晶闸管 3CT3A，单结晶体管 BT33；二极管 IN4007×4，稳压管 IN4735；灯泡 12V/0.1A。

四、实验内容

1．单结晶体管的简易测试。

用万用电表 R×10Ω 挡分别测量 EB$_1$、EB$_2$ 间正、反向电阻，记入表 21-1。

单结晶体管测试　　　　　　　　　　　　　　　　　表 21-1

$R_{EB1}(\Omega)$	$R_{EB2}(\Omega)$	$R_{B1E}(k\Omega)$	$R_{B2E}(k\Omega)$	结　　论

2．晶闸管的简易测试。

用万用电表 R×1kΩ 挡分别测量 A—K、A—G 间正、反向电阻；用 R×10Ω 挡测量 G—K 之间正、反向电阻，记入表 21-2。

晶　闸　管　测　试　　　　　　　　　　　　　　表 21-2

$R_{AK}(k\Omega)$	$R_{KA}(k\Omega)$	$R_{AG}(k\Omega)$	$R_{GA}(k\Omega)$	$R_{GK}(k\Omega)$	$R_{KG}(k\Omega)$	结　　论

3．晶闸管导通、关断条件测试。

断开 ±12V、±5V 直流电源，按图 21-4 连接实验电路。

（1）晶闸管阳极加12V正向电压,门极开路或加5V正向电压,观察管子是否导通(导通时灯泡亮,关断时灯泡熄灭),管子导通后,去掉+5V门极电压或反接门极电压(接－5V),观察管子是否继续导通。

（2）晶闸管导通后,去掉+12V阳极电压或反接阳极电压(接－12V),观察管子是否关断,并记录。

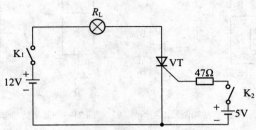

图21-4　晶闸管导通、关断条件测试

4. 晶闸管可控整流电路。

按图21-1连接实验电路。取可调工频电源14V电压作为整流电路输入电压u_2,电位器R_W置中间位置。

（1）单结晶体管触发电路。

①断开主电路(把灯泡取下),接通工频电源,测量U_2值。用示波器依次观察并记录交流电压u_2、整流输出电压u_I(I—0)、削波电压u_W(W—0)、锯齿波电压u_E(E—0)、触发输出电压u_{B1}(B$_1$—0)。记录波形时,注意各波形间对应关系,并标出电压幅度及时间。记入表21-3。

②改变移相电位器R_W阻值,观察u_E及u_{B1}波形的变化及u_{B1}的移相范围,记入表21-3。

单结晶体管触发电路测量　　　　　　　　　　表21-3

u_2	u_I	u_W	u_E	u_{B1}	移 相 范 围

（2）可控整流电路。

断开工频电源,接入负载灯泡R_L,再接通工频电源,调节电位器R_W,使电灯由暗到中等亮,再到最亮,用示波器观察晶闸管两端电压u_{T1}、负载两端电压u_L,并测量负载直流电压U_L及工频电源电压U_2有效值,记入表21-4。

可控整流电路测量　　　　　　　　　　表21-4

项　　　目	暗	较　　亮	最　　亮
u_L波形			
u_T波形			
导通角 θ			
U_L(V)			
U_2(V)			

五、预习要求

1. 复习晶闸管可控整流部分内容。

2. 可否用万用电表 R × 10kΩ 挡测试管子？为什么？

3. 为什么可控整流电路必须保证触发电路与主电路同步？本实验是如何实现同步的？

4. 可以采取哪些措施改变触发信号的幅度和移相范围？

5. 能否用双踪示波器同时观察 u_2 和 u_L 或 u_L 和 u_{T1} 波形？为什么？

六、实验总结

1. 总结晶闸管导通、关断的基本条件。

2. 画出实验中记录的波形（注意各波形间对应关系），并进行讨论。

3. 对实验数据 U_L 与理论计算数据 $U_L = 0.9U_2 \dfrac{1+\cos\alpha}{2}$ 进行比较，并分析产生误差原因。

4. 分析实验中出现的异常现象。

实验二十二 门电路逻辑功能及测试

一、实验目的

1. 熟悉数字电路学习机。
2. 熟悉门电路逻辑功能。

二、实验设备

THD-4 数字电路实验箱,74LS00 双输入端四与非门芯片,74LS20 四输入端双与非门芯片。

三、实验步骤

1. 测试门电路逻辑功能。

选用双输入端四与非门 74LS20 芯片一只,按图 22-1 接线,按表 22-1 要求用开关改变输入端 A、B、C、D 的状态,借助指示灯观察输出结果,把测试结果填入表 22-1 中。

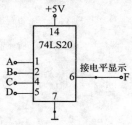

图 22-1 74LS20 接线图

输入与输出关系 表 22-1

输	入			输	出
A	B	C	D		F
H	H	H	H		
L	H	H	H		
L	L	H	H		
L	L	L	H		
L	L	L	L		

2. 逻辑电路的逻辑关系。

(1)选用两片 74LS00 芯片,按图 22-2 接线,按照表 22-2 改变输入端 A、B 的状态,借助指示灯观察输出结果,将输入输出逻辑关系填入表 22-2 中。

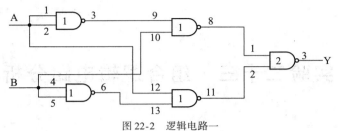

图 22-2 逻辑电路一

真 值 表　　　　　　　　　　　　　　　　　　表 22-2

输　　入		输　　出
A	B	Y
0	0	
0	1	
1	0	
1	1	

（2）选用两片 74LS00 芯片,按图 22-3 接线,按照表 22-3 改变输入端 A、B 的状态,借助指示灯观察输出结果,将输入输出逻辑关系填入表 22-3 中。

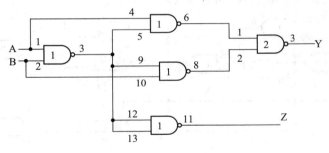

图 22-3 逻辑电路二

真 值 表　　　　　　　　　　　　　　　　　　表 22-3

输　　入		输　　出	
A	B	Y	Z
0	0		
0	1		
1	0		
1	1		

四、实验报告

1. 按要求填表并画逻辑图。

2. 分析各电路逻辑功能,验证实验结果。

3. 独立完成实验,交出完整的报告。

实验二十三　组合逻辑电路分析

一、实验目的

1. 掌握组合逻辑电路的分析方法。
2. 验证全加器转换器逻辑功能。

二、实验设备及器件

1 个 SAC-DS4 数字逻辑实验箱,3 片 74LS00 输入端四与非门芯片。

三、实验内容

1. 用三片 74LS00 芯片,按图 23-1 接好线。74LS00 芯片 14 脚接 +5V、7 脚接地。分析该线路,写出 S_n、C_n 的逻辑表达式,列出其真值表。

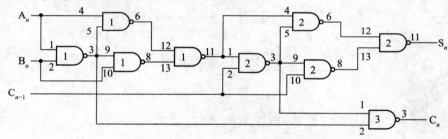

图 23-1　全加器逻辑电路

2. 表 23-1 利用开关改变 A_n、B_n、C_{n-1} 的输入状态,借助指示灯或万用电表观测 S_n、C_n 的值填入表 23-1 中。

3. 表 23-1 的值与理论分析列出的真值表加以比较,验证全加器的逻辑功能。

真 值 表　　　　　　　　　　　　　　　　表 23-1

输　　入			输　　出	
A_n	B_n	C_{n-1}	S_n	C_n
0	0	0		
0	0	1		
0	1	0		
0	1	1		
1	0	0		
1	0	1		
1	1	0		
1	1	1		

四、实验报告

1. 将各组合逻辑电路的观测结果认真填入表格中。
2. 分析组合逻辑电路的逻辑功能及逻辑表达式。
3. 学会用与非门设计全加器,总结用与非门完成特定逻辑功能设计的一般方法。
4. 独立操作,交出完整的实验报告。

实验二十四　3/8 译码器实验

一、实验目的

1. 掌握中规模集成电路译码器的工作原理及逻辑功能。
2. 学习译码器的灵活应用。

二、实验设备及器件

1 个 SAC-DS4 数字逻辑电路实验箱,2 片 74LS138 3/8 线译码器,1 片 74LS20 双输入端四与非门芯片。

三、实验内容

74LS138 管脚图见图 24-2,其与非门组成逻辑图如图 24-1 所示。

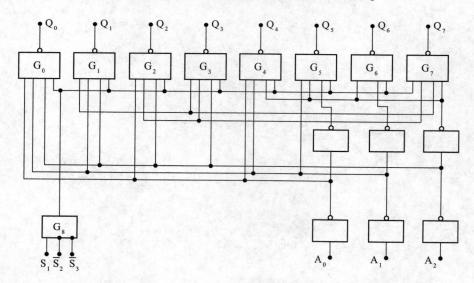

图 24-1　译码器逻辑图

控制输入端 $S_1 = 1$,$S_2 = S_3 = 0$,译码器工作,否则译码器禁止,所有输出端均为高电平。

1. 译码器逻辑功能测试。

(1)按图 24-2 接线。

(2)根据表 24-1,利用开关设置 S_1、S_2、S_3 及 A_2、A_1、A_0 的状态,借助指示灯或万用电表观测 $Q_0 \sim Q_7$ 的状态,记入表 24-1 中。

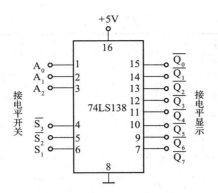

图 24-2 74LS138 引脚图

真 值 表　　　　　　　　　　　　　　　　　　　　表 24-1

输　　入						输　　出							
S_1	S_2	S_3	A_2	A_1	A_0	Q_0	Q_1	Q_2	Q_3	Q_4	Q_5	Q_6	Q_7
0	$\varnothing$	$\varnothing$	$\varnothing$	$\varnothing$	$\varnothing$								
$\varnothing$	1	1	$\varnothing$	$\varnothing$	$\varnothing$								
1	0	0	0	0	0								
1	0	0	0	0	1								
1	0	0	0	1	0								
1	0	0	0	1	1								
1	0	0	1	0	0								
1	0	0	1	0	1								
1	0	0	1	1	0								
1	0	0	1	1	1								

2. 用译码器组成全加器线路。

用 74LS138 和 74LS20 按图 24-3 接线, 74LS20 芯片 14 脚接 +5V、7 脚接地。利用开关改变输入 A_i、B_i、C_{i-1} 的状态, 借助指示灯或万用电表观测输出 S_i、C_i 的状态, 记入表 24-2 中, 写出输出端的逻辑表达式。

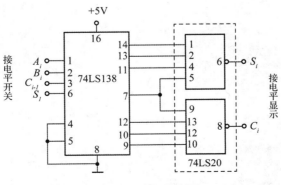

图 24-3　全加器接线图

输　　入				输　　出	
S_1	A_i	B_i	C_{i-1}	S_i	C_i
0	Φ	Φ	Φ		
1	0	0	0		
1	0	0	1		
1	0	1	0		
1	0	1	1		
1	1	0	0		
1	1	0	1		
1	1	1	0		
1	1	1	1		

四、实验报告

1. 整理各步实验结果,列出相应实测真值表。

2. 总结译码器的逻辑功能以及应用其进行逻辑设计的一般方法。

3. 交出完整的实验报告。

实验二十五　LED 译码器实验

一、实验目的

1. 学会用门电路设计并组成所需要的 LED 译码器。
2. 培养独立工作能力。

二、实验设备和器件

1 个数字逻辑电路实验箱,1 块万用电表,自选器件。

三、实验内容

设计并实现一个共阴极 LED 译码器,能显示数字 0 ~ 9 和 a、b、c、d、e、f 6 个字母。

1. 编写真值表(表 25-1)。

真　值　表　　　　　　　　　　　　　　　　　　表 25-1

序号	输　　入				输　　出							显示
	S_3	S_2	S_1	S_0	g	f	e	d	c	b	a	
0	0	0	0	0	0	1	1	1	1	1	1	0
1	0	0	0	1	0	0	0	0	1	1	0	1
2	0	0	1	0	1	0	1	1	0	1	1	2
3	0	0	1	1	1	0	0	1	1	1	1	3
4	0	1	0	0	1	1	0	0	1	1	0	4
5	0	1	0	1	1	1	0	1	1	0	1	5
6	0	1	1	0	1	1	1	1	1	0	1	6
7	0	1	1	1	0	0	0	0	1	1	1	7
8	1	0	0	0	1	1	1	1	1	1	1	8
9	1	0	0	1	1	1	0	1	1	1	1	9
10	1	0	1	0	1	1	1	0	1	1	1	a
11	1	0	1	1	1	1	1	1	1	0	0	b
12	1	1	0	0	0	1	1	1	0	0	1	c
13	1	1	0	1	1	0	1	1	1	1	0	d
14	1	1	1	0	1	1	1	1	0	0	1	e
15	1	1	1	1	1	1	1	0	0	0	1	f

2. 填写各段卡诺图(图25-1)。

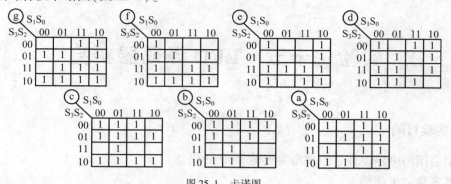

图 25-1　卡诺图

3. 简卡诺图(以 g 为例,图25-2)。

$$g = S_3 \overline{S_2} + S_1 \overline{S_0} + S_3 S_0 + \overline{S_2} S_1 + \overline{S_3} S_2 \overline{S_1}$$

$$= \overline{\overline{S_3 \overline{S_2} + S_1 \overline{S_0} + S_3 S_0 + \overline{S_2} S_1 + \overline{S_3} S_2 \overline{S_1}}}$$

$$= \overline{\overline{S_3 \overline{S_2}} \cdot \overline{S_1 \overline{S_0}} \cdot \overline{S_3 S_0} \cdot \overline{\overline{S_2} S_1} \cdot \overline{\overline{S_3} S_2 \overline{S_1}}}$$

4. 写逻辑表达式。

5. 选择 74LS00、74LS04、74LS20、74LS51 芯片,画出接线图(图25-3)。

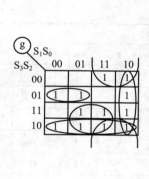

图 25-2　简卡诺图

图 25-3　接线图

6. 其余各段由学生自己完成。

7. 按设计图接线。

8. 验证设计结果。

注意:数码显示电路采用共阳极元器件时,实验结果为相反逻辑状态。

四、实验报告

1. 学生要独立完成实验的全过程。

2. 在图25-3中所用到的各个器件要接电源吗?为什么?

3. 通过分析真值表,分析图25-3图实现的逻辑功能是什么?

4. 通过对逻辑表达式改写,设计与逻辑表达式对应的逻辑电路。

实验二十六　四位二进制全加器实验

一、实验目的

1. 掌握中规模集成电路四位全加器的工作原理及其逻辑功能。
2. 学习全加器的应用。

二、实验设备及器件

1 个数字逻辑电路实验箱,1 块万用电表,1 片 74LS283 四位二进制全加器。

三、实验内容

1. 74LS283 四位全加器。

它是由与或非门及反相器组成的采用串行进位形式的四位全加器,其引脚见附录。

（1）按图 26-1 接线。

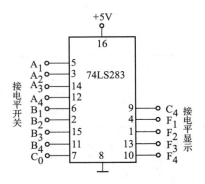

图 26-1　74LS283 引脚图

（2）用开关按表 26-1 设置输入 $A_1 \sim A_4$、$B_1 \sim B_4$、C_0 的状态,借助指示灯观测输出 $F_1 \sim F_4$、C_4 的状态,并记入表 26-1 中。

真　值　表　　　　　　　　　　　　　　表 26-1

输　　入									输　　出				
A_4	A_3	A_2	A_1	B_4	B_3	B_2	B_1	C_0	F_4	F_3	F_2	F_1	C_4
0	0	0	1	0	0	0	1	1					
0	1	0	0	0	0	1	1	0					
1	0	0	0	0	1	1	1	1					
1	0	0	1	1	0	0	0	0					
1	0	1	1	0	1	0	1	1					
1	1	0	0	0	1	1	0	0					
1	1	0	1	0	1	0	0	1					
1	1	1	1	1	1	1	1	0					

2.用 74LS283 四位全加器实现 BCD 码到余 3 码的转换。

将每个 BCD 码加上 0011,即可得到相应的余 3 码,故应按图 26-2 接线。

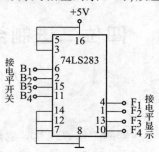

图 26-2 转换接线图

利用开关输入 BCD 码,借助指示灯观测输出的余 3 码,填入表 26-2 中。

真 值 表   表 26-2

输入 BCD 码				输出余 3 码				输入 BCD 码				输出余 3 码			
B_4	B_3	B_2	B_1	F_4	F_3	F_2	F_1	B_4	B_3	B_2	B_1	F_4	F_3	F_2	F_1
0	0	0	0					0	1	0	1				
0	0	0	1					0	1	1	0				
0	0	1	0					0	1	1	1				
0	0	1	1					1	0	0	0				
0	1	0	0					1	0	0	1				

四、实验报告

1.整理实验数据并填入表中。

2.分析实验结果,完成实验报告。

实验二十七　数据选择器实验

一、实验目的

1. 掌握中规模集成电路数据选择器的工作原理及逻辑功能。
2. 学习数据选择器的应用。

二、实验设备及器件

1个SAC-DS4数字逻辑电路实验箱,1片74LS153双四选一数据选择器。

三、实验内容

74LS153双四选一数据选择器,其引脚图见附录。两个选择器各有一个控制端(S_1、S_2),共用一组输入选择代码 $A_0 \sim A_1$,输出为原码,其内部逻辑图如图27-1所示。

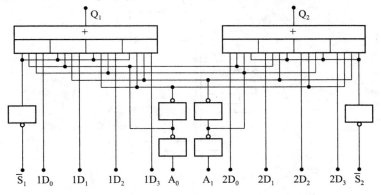

图27-1　74LS153内部逻辑图

1. 74LS153双四选一数据选择器功能测试。

（1）按图27-2接线。

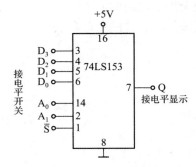

图27-2　74LS153引脚图

（2）利用开关按表27-1改变输入选择代码的状态及输入数据的状态,借助指示灯或万用电表观测输出 Q 的状态,并填入表27-1中。

真　值　表　　　　　　　　　　　　表27-1

输　　入				输　　出
S	A_1	A_0	D	Q
1	$\varnothing$	$\varnothing$	$\varnothing$	
0	0	0	D_0	0
				1
0	0	1	D_1	0
				1
0	1	0	D_2	0
				1
0	1	1	D_3	0
				1

2. 用74LS153双四选一数据选择器实现全加功能(图27-3)。

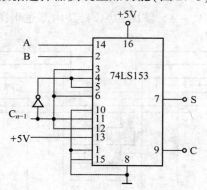

图 27-3　实验接线图

四、实验报告

1. 分析数据选择器的逻辑功能。
2. 分析用数据选择器实现全加器功能的原理。
3. 总结应用数据选择器完成逻辑设计的一般方法。
4. 完成实验报告。

实验二十八　触发器实验

一、实验目的

1.掌握 D 触发器和 J-K 触发器的逻辑功能及触发方式。
2.学会正确使用触发器集成芯片。

二、实验设备及器件

1 个数字逻辑电路实验箱,1 片 74LS74 双 D 触发器,1 片 74LS73 双 J-K 触发器。

三、实验内容

1.74LS74D 触发器功能测试

按照图 28-1 接线,依照表 28-1 测试 D 触发器的功能。

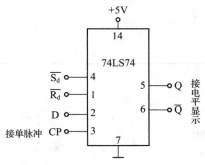

图 28-1　74LS74D 接线图

真　值　表　　　　　　　　　　　　表 28-1

| 输　　入 | | | | 输出 Q^{n+1} | |
D	$\overline{R_d}$	$\overline{S_d}$	CP	原状态 $Q^n = 0$	原状态 $Q^n = 1$
	1	1	0→1		
	1	1	1→0		
	1	1	0→1		
	1	1	1→0		

2.74LS112J-K 触发器功能测试。

按照图 28-2 接线,依照表 28-2 测试 J-K 触发器的功能。

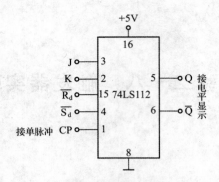

图 28-2　74LS112 接线图

输　　　入					输出 Q^{n+1}	
J	K	$\overline{R_d}$	$\overline{S_d}$	CP	原状态 $Q^n=0$	原状态 $Q^n=1$
				$0\to1$		
				$1\to0$		
				$0\to1$		
				$1\to0$		
				$0\to1$		
				$1\to0$		
				$0\to1$		
				$1\to0$		

四、实验报告

1. 整理实验数据填好表格。

2. 分析各触发器功能。

3. 完成实验报告。

实验二十九　移位寄存器实验

一、实验目的

1. 掌握移位寄存器的工作原理,逻辑功能及应用。
2. 掌握二进制码的串行并行转换技术和二进制码的传输。

二、实验设备及器件

1 个 SAC-DS4 数字逻辑电路实验箱,2 片 74LS194 四位双向通用移位寄存器。

三、实验内容

二进制码的传输:图 29-1 中 74LS194①作为发送端,74LS194②作为接收端。为了实现传输功能,必须采取以下两步:

(1)先使数据 $D_A D_B D_C D_D = 0101$ 并行输入到 74LS194 中($S_1 S_0 = 11$)。

(2)采用右移方式($S_1 S_0 = 01$)将 74LS194①中的数据传送到 74LS194②中。输入 4 个 CP 后,实现数据串行传输,这时在 74LS194②的输出端 $Q_A Q_B Q_C Q_D$ 获得并行数据 $D_A D_B D_C D_D$,继续输入 4 个 CP 后,数据串行输出,将结果记入表 29-1 中。

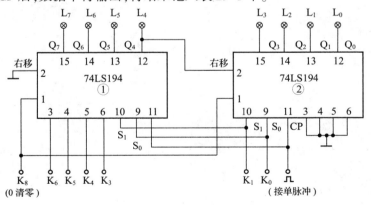

图 29-1　二进制码传输接线图

表 29-1

真 值 表

工作方式			↑	194①				194②			
控制端	S_1	S_0		Q_7	Q_6	Q_5	Q_4	Q_3	Q_2	Q_1	Q_0
送数	1	1	1								
右移	0	1	2								
右移	0	1	3								

工 作 方 式			↑	194①				194②			
控制端	S_1	S_0		Q_7	Q_6	Q_5	Q_4	Q_3	Q_2	Q_1	Q_0
右移	0	1	4								
右移	0	1	5								
右移	0	1	6								
右移	0	1	7								
右移	0	1	8								

四、实验报告

1. 整理实验结果，并填入表格中。

2. 分析 74LS194 的逻辑功能。

3. 交出完整的实验报告。

实验三十 计数器实验

一、实验目的

1. 掌握用触发器和门电路设计,掌握异步计数器的工作原理。
2. 熟悉中规模集成电路计数器的逻辑功能,使用方法及应用。

二、实验设备及器件

1 个 SAC-DS4 数字逻辑电路实验箱,1 只 74LS90 集成十进制计数器,2 只 74LS73 双 JK 触发器。

三、实验内容

1. 用两片集成 JK 触发器 74LS73 按照图 30-1 接线,观察减法计数器的特点。

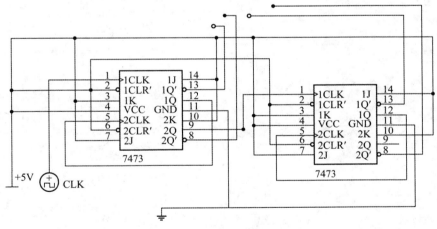

图 30-1　减法计数器接线图

2. 利用 74LS90 按照图 30-2 接线设计十进制计数器,观察计数器的特点。

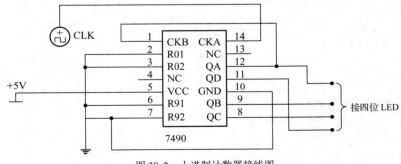

图 30-2　十进制计数器接线图

89

四、实验报告

1. 记录必要的数据。
2. 总结计数器的设计方法。
3. 完成实验报告。

实验三十一　减法计数器实验

一、实验目的

1. 熟悉减法计数器的工作原理及特点。
2. 学习设计 N 进制减法计数器的方法。

二、实验设备及器件

1 个数字逻辑电路实验箱,1 块万用电表,2 只 74LS74 双 D 触发器,1 只 74LS11 三输入端三与门入与门,1 只 74LS32 四输入端二或门。

三、实验内容

用 D 触发器构成同步五进制递减计数器。

1. 状态转换图(图 31-1)。

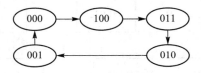

图 31-1　状态转换图

2. 状态转换表(表 31-1)。

真　值　表　　　　　　　　　　　　　　　　表 31-1

CP	Q_1	Q_2	Q_3	Q_1^{n+1}	Q_2^{n+1}	Q_3^{n+1}
0	0	0	0	1	0	0
1	1	0	0	0	1	1
2	0	1	1	0	1	0
3	0	1	0	0	0	1
4	0	0	1	0	0	0

3. 卡诺图(图 31-2)。

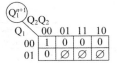 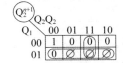 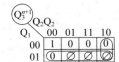

图 31-2　卡诺图

4. 逻辑表达式。

$$D_1 = Q_1{}^{n+1} = \overline{Q_1}\ \overline{Q_2}\ \overline{Q_3}$$

$$D_2 = Q_2{}^{n+1} = Q_1 + Q_2 Q_3$$

$$D_3 = Q_3{}^{n+1} = Q_1 + Q_2 \overline{Q_3}$$

5. 用 2 片 74LS74、1 片 74LS11、1 片 74LS32 按图 31-3 接线,各片的 14 脚接 +5V、7 脚接地。

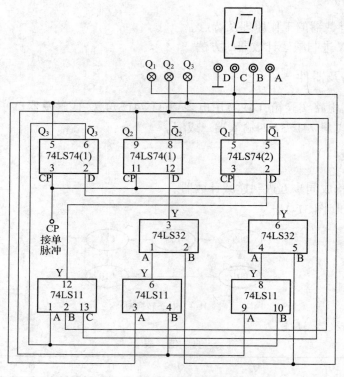

图 31-3　同步五进制递减计数器

6. 在 CP 端输入单脉冲,将实验结果填入表 31-2 和表 31-3 中。

实验结果(一)　　　　　　　　　　　　　　　　表 31-2

CP	Q_1	Q_2	Q_3	$Q_1{}^{n+1}$	$Q_2{}^{n+1}$	$Q_3{}^{n+1}$
0	0	0	0			
1	1	0	0			
2	0	1	1			
3	0	1	0			
4	0	0	1			

CP	LED 显示值	CP	LED 显示值
0		3	
1		4	
2			

四、实验报告

1. 独立组装、调试电路,分析减法计数器的逻辑功能和特点。

2. 交出完整的实验报告。

实验三十二　电子秒表（设计性实验）

一、实验目的

1. 熟悉计数器的工作原理及特点。
2. 学习设计 N 进制加法计数器的方法。
3. 掌握电子秒表的设计方法。

二、实验设备及器件

1 个数字逻辑电路实验箱,自选芯片。

三、设计电路

60s 电子秒表设计电路如图 32-1 所示,仅供参考。

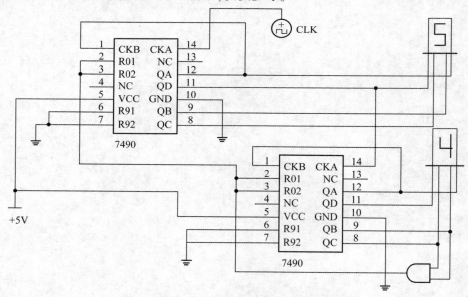

图 32-1　60s 电子秒表设计电路

四、实验报告

1. 自己设计方案的同学,可以在实验中验证;如按老师要求做的,最好在课下用 EWB 设计 60min 的电子秒表。
2. 完成实验报告,附上电路图及仿真结果。
3. 总结数字电路设计的一般方法,掌握常见的数字电路设计软件。

实验三十三　六人智力抢答（设计性实验）

一、实验目的

1.熟悉 D 触发器的工作原理及特点。
2.学习抢答器的设计方法。

二、实验设备及器件

1 个数字逻辑电路实验箱,1 块万用电表,自选芯片。

三、设计要求

1.自选元器件设计抢答器,要求最多可容纳 6 名选手参加比赛,各用 1 个抢答开关。主持人也用 1 个开关,用来给系统清零。
2.抢答器应具有锁存功能,并保持到主持人清零为止。
3.抢答器应具有显示功能,将抢先者的编号显示出来。
4.独立组装、调试电路,分析计数器的逻辑功能和特点。
5.交出完整的实验报告。

四、设计提示

1.用 D 触发器实现抢答控制。
2.用 LED 数码管显示抢答者序号。

附录一　单、三相智能功率、功率因数表使用说明书

一、概述

D34-3 型单、三相智能功率、功率因数表是全数字式多功能功率测试仪表。它是将两只单相智能功率表组装在一个挂箱里,在技术上采用单片机的智能控制,具有人机对话、智能显示和快速运算等特点。将被测电压、电流瞬时值的取样信号送入 A/D 变换器的输入口,经单片机的"均方根"值运算和信号处理后,将计算结果显示于由 LED 数码管构成的显示器上。根据数码管的显示值和符号,就可得知某负载的功率值。此时,可通过对面板上键盘的简单操作,以切换数码管所显示的内容:负载的功率因数及负载的性质,交流信号的频率、周期等;还可以储存、记录 15 组功率和功率因数的测试结果数据,并逐组查询。两只功率表能组合使用,用来测量三相负载的总功率。

仪表由于采用了单片机技术和高速、高精度 A/D 转换器件,使整机有良好的技术性能,且具有结构简洁、性能稳定可靠、测试精度高、读数清晰、数据储存、操作简便和多功能等突出优点。

二、主要技术指标

1. 功能:可测量三相交流负载的总功率或单相交流负载的功率;可显示电路的功率因数及负载性质、周期、频率;可记录、储存和查询 15 组数据等。

2. 测量精度:小于 1%。

3. 量程范围:电压 0 ~ 450V、电流 0 ~ 5A(量程分 8 挡自动切换)。

4. 工作条件:供电电源 AC 220V ± 11V,50Hz;环境温度 − 10 ~ + 40℃;相对湿度小于 80%。

5. 质量:6kg。

6. 尺寸:390mm × 200mm × 230mm。

三、测量线路

1. 两瓦特表法测量三相负载总功率的接线原理图,如附图 1-1 所示。
2. 单瓦特表法测量单相负载功率的接线原理图,如附图 1-2 所示。

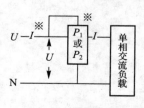

附图 1-1　两瓦特表法

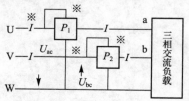

附图 1-2　单瓦特表法

四、面板示意图

面板示意图如附图 1-3 所示。

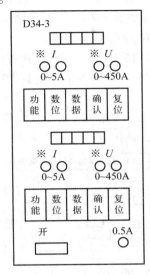

附图 1-3　面板示意图

五、使用方法

1. 按附图 1-1 或附图 1-2 接好线路(单相时两组表可任选一只)。

2. 接通电源,或按"复位"键后,面板上各 LED 数码管将循环显示"P",表示测试系统已准备就绪,进入初始状态。

3. 面板上有 2 组键盘,每组 5 个按键,在实际测试过程中只用到"复位""功能""确认"3 个键。

(1)"功能"键:是仪表测试与显示功能的选择键。若连续按动该键 7 次,则 5 只 LED 数码管将显示 7 种不同的功能指示符号,7 个功能符分述如附表 1-1 所示。

功　能　符　　　　　　　　　　　　　　　　　　附表 1-1

次数	1	2	3	4	5	6	7
显示	P.	COS.	FUC.	CCP.	dA. CO	dSPLA.	PC.
含义	功率	功率因数及负载性质	被测信号频率	被测信号周期	数据记录	数据查询	升级后使用

(2)"确认"键:在选定上述前 6 个功能之一后,按一下"确认"键,该组显示器将切换显示该功能下的测试结果数据。

(3)"复位"键:在任何状态下,只要按一下此键,系统便恢复到初始状态。

(4)具体操作过程如下:

①接好线路→开机(或按"复位"键)→选定功能(前 4 个功能之一)→按"确认"键→待显示的数据稳定后,读取数据(功率单位为 W;频率单位为 Hz;周期单位为 ms)。

②选定 dA. CO 功能→按"确认"键→显示 1(表示第一组数据已经储存好)。如重复上述操作,显示器将顺序显示 2、3、…、E、F,表示共记录并储存了 15 组测量数据。

③选定 dSPLA 功能→按"确认"键→显示最后一组储存的功率值→再按"确认"键,显示最后一组储存的功率因数值及负载性质(闪动位表示储存数据的组别;第二位显示负载性质,C 表示容性,L 表示感性;后三位为功率因数值),→再按"确认"键→显示倒数第二组的功率值……(显示顺序为从第 F 组到第一组)。可见,在查询结果数据时,每组数据需分别按动两次"确认"键,以分别显示功率和功率因数值及负载性质。

六、仪器系统原理框图

仪器系统原理框图如附图 1-4 所示。

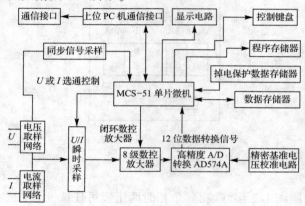

附图 1-4　仪器系统原理框图

七、注意事项

1. 在测量过程中,外来的干扰信号难免要干扰主机的运行。若出现死机,应按"复位"键。

2. 只有在测试了一组数据之后,才能用"DACO"项作记录。

3. "数据"键与"数位"键在正常测试情况下不使用,仅出厂调试时才用到。

4. 测量过程中显示器显示 COU,表示要继续按功能键。

5. 选择测量功率时,在按过"确认"键后,需等显示的数据跳变 8 次,稳定后才能读取数据。

6. 仪器的 PC 功能为留待升级后使用。

附录二　用万用电表对常用电子元器件检测

用万用电表可以对晶体二极管、三极管、电阻、电容等进行粗测。万用电表电阻挡等值电路如附图2-1所示,其中的 R_0 为等效电阻,E_0 为表内电池。当万用电表处于 R×1、R×100、R×1k 挡时,$E_0 = 1.5V$;而处于 R×10k 挡时,$E_0 = 15V$。测试电阻时要记住,红表笔接在表内电池负端(表笔插孔标"＋"号),而黑表笔接在正端(表笔插孔标"－"号)。

1. 晶体二极管管脚极性、质量的判别。

晶体二极管由一个 PN 结组成,具有单向导电性,其正向电阻小(一般为几百欧)而反向电阻大(一般为几十千欧至几百千欧),利用此点可进行判别。

(1)管脚极性判别。

将万用电表拨到 R×100(或 R×1k)的欧姆挡,把二极管的两只管脚分别接到万用电表的两根测试笔上,如附图2-2所示。如果测出的电阻较小(约几百欧),则与万用电表黑表笔相接的一端是正极,另一端就是负极。相反,如果测出的电阻较大(约百千欧),那么与万用电表黑表笔相连接的一端是负极,另一端就是正极。

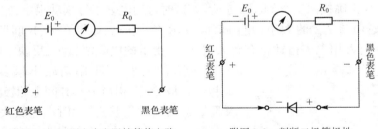

附图2-1　万用电表电阻挡等值电路　　　附图2-2　判断二极管极性

(2)判别二极管质量的好坏。

一个二极管的正、反向电阻差别越大,其性能就越好。如果双向阻值都较小,说明二极管质量差,不能使用;如果双向阻值都为无穷大,则说明该二极管已经断路;如果双向阻值均为零,说明二极管已被击穿。

利用数字万用电表的二极管挡也可判别正、负极,此时红表笔(插在"V·Ω"插孔)带正电,黑表笔(插在"COM"插孔)带负电。用两支表笔分别接触二极管两个电极,若显示值在1V 以下,说明管子处于正向导通状态,红表笔接的是正极,黑表笔接的是负极。若显示溢出符号"1",表明管子处于反向截止状态,黑表笔接的是正极,红表笔接的是负极。

2. 晶体三极管管脚、质量判别。

可以把晶体三极管的结构看作是两个背靠背的 PN 结,对 NPN 型来说基极是两个 PN 结的公共阳极,对 PNP 型管来说基极是两个 PN 结的公共阴极,分别如附图2-3所示。

(1)管型与基极的判别。

万用电表置电阻挡,量程选 1k 挡(或 R×100),将万用电表任一表笔先接触某一个电极——假定的公共极,另一表笔分别接触其他两个电极。当两次测得的电阻均很小(或均很大),则前者所接电极就是基极;如果两次测得的阻值一大一小,相差很多,则前者假定的基极有错,应更换其他电极重测。

根据上述方法可以找出公共极,该公共极就是基极 B。若公共极是阳极,该管属 NPN 型管,反之则是 PNP 型管。

(2)发射极与集电极的判别。

为使三极管具有电流放大作用,发射结需加正偏置,集电结加反偏置,如附图 2-4 所示。

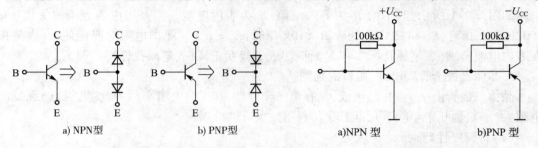

a) NPN型   b) PNP型   a)NPN 型   b)PNP 型

附图 2-3   晶体三极管结构示意图   附图 2-4   晶体三极管的偏置情况

当三极管基极 B 确定后,便可判别集电极 C 和发射极 E,同时还可以大致了解穿透电流 I_{CEO} 和电流放大系数 β 的大小。

以 PNP 型管为例,若用红表笔(对应表内电池的负极)接集电极 C,黑表笔接 E 极(相当于 C、E 极间电源正确接法),如附图 2-5 所示,这时万用电表指针摆动很小,它所指示的电阻值反映管子穿透电流 I_{CEO} 的大小(电阻值大表示 I_{CEO} 小)。如果在 C、B 间跨接一只 R_B = 100kΩ 电阻,此时万用电表指针将有较大摆动,它指示的电阻值较小,反映了集电极电流 I_C

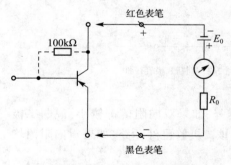

附图 2-5   晶体三极管集电极 C、
发射极 E 的判别

= $I_{CEO} + \beta I_B$ 的大小,且电阻值减小越多表示 β 越大。如果 C、E 极接反(相当于 C-E 间电源极性反接),则三极管处于倒置工作状态,此时电流放大系数很小(一般小于 1),于是万用电表指针摆动很小。因此,比较 C-E 极两种不同电源极性接法,便可判断 C 极和 E 极。同时还可以大致了解穿透电流 I_{CEO} 和电流放大系数 β 的大小,如万用电表上有 h_{FE} 插孔,可利用 h_{FE} 来测量电流放大系数 β。

3. 检查整流桥堆的质量。

整流桥堆是把 4 只硅整流二极管接成桥式电路,再用环氧树脂(或绝缘塑料)封装而成的半导体器件。桥堆有交流输入端(A、B)和直流输出端(C、D),如附图 2-6 所示。采用判定二极管的方法可以检查桥堆的质量。从图中可看出,交流输入端 A-B 间总会有一只二极管处于截止状态,使 A-B 间总电阻趋向于无穷大。直流输出端 D-C 间的正向压降则等于 2 只硅二极管的压降之和。因此,用数字万用电表的二极管挡测 A-B 的正、反向电压时均显示溢出,而测 D-C 时显示大约 1V,即可证明桥堆内部无短路现象。如果有一只二极管已经击穿短路,那么测 A-B 的正、反向电压时,必定有一次显示 0.5V 左右。

4. 电容的测量。

电容的测量一般应借助于专门的测试仪器,通常用电桥。而万用电表仅能粗略地检查一下电解电容是否失效或漏电情况。测量电路如附图 2-7 所示。

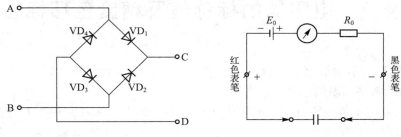

附图 2-6　整流桥堆管脚及质量判别　　　　附图 2-7　电容的测量

测量前应先将电解电容的两个引出线短接一下,使其上所充的电荷释放。然后将万用电表置于 1k 挡,并将电解电容的正、负极分别与万用电表的黑表笔、红表笔接触。在正常情况下,可以看到表头指针先是产生较大偏转(向零欧姆处),以后逐渐向起始零位(高阻值处)返回。这反映了电容器的充电过程,指针的偏转反映电容器充电电流的变化情况。

一般来说,表头指针偏转越大,返回速度越慢,说明电容器的容量越大。若指针返回到接近零位(高阻值),说明电容器漏电阻很大,指针所指示电阻值,即为该电容器的漏电阻。对于合格的电解电容器而言,该阻值通常在 500kΩ 以上。电解电容在失效时(电解液干涸,容量大幅度下降)表头指针就偏转很小,甚至不偏转。已被击穿的电容器,其阻值接近于零。

对于容量较小的电容器(云母、瓷质电容等),原则上也可以用上述方法进行检查。但由于电容量较小,表头指针偏转也很小,返回速度又很快,实际上难以对它们的电容量和性能进行鉴别,仅能检查它们是否短路或断路。这时应选用 R×10k 挡测量。

附录三　电阻器的标称值及精度色环标志法

色环标志法是用不同颜色的色环在电阻器表面标称阻值和允许偏差。

1. 2 位有效数字的阻值色环标志法。

普通电阻器用 4 条色环表示标称阻值和允许偏差,其中 3 条表示阻值,1 条表示偏差,如附图 3-1 和附表 3-1 所示。

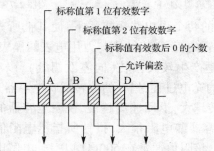

附图 3-1　2 位有效数字的阻值色环标志法

倍率和允许偏差(一)　　　　　　　　　　　附表 3-1

颜色	第 1 有效数	第 2 有效数	倍率	允许偏差	颜色	第 1 有效数	第 2 有效数	倍率	允许偏差
黑	0	0	10^0		紫	7	7	10^7	
棕	1	1	10^1		灰	8	8	10^8	
红	2	2	10^2		白	9	9	10^9	+50% -20%
橙	3	3	10^3		金			10^{-1}	±5%
黄	4	4	10^4		银			10^{-2}	±10%
绿	5	5	10^5		无色				±20%
蓝	6	6	10^6						

示例:

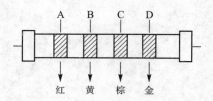

红　黄　棕　金

102

如色环:A-红色;B-黄色;C-棕色;D-金色;则该电阻标称值及精度为:
$$24 \times 10^1 = 240\Omega \quad 精度:\pm 5\%$$

2.3 位有效数字的阻值色环标志法。精密电阻器用 5 条色环表示标称阻值和允许偏差,如附图 3-2 和附表 3-2 所示。

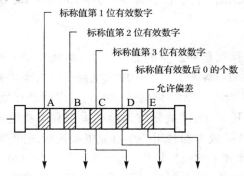

附图 3-2　3 位有效数字的阻值色环标志法

倍率和允许偏差（二）　　　　　　　　　　　　　　　　附表 3-2

颜色	第 1 有效数	第 2 有效数	第 3 有效数	倍率	允许偏差
黑	0	0	0	10^0	
棕	1	1	1	10^1	$\pm 1\%$
红	2	2	2	10^2	$\pm 2\%$
橙	3	3	3	10^3	
黄	4	4	4	10^4	
绿	5	5	5	10^5	$\pm 0.5\%$
蓝	6	6	6	10^6	$\pm 0.25\%$
紫	7	7	7	10^7	$\pm 0.1\%$
灰	8	8	8	10^8	
白	9	9	9	10^9	
金				10^{-1}	
银				10^{-2}	

示例:

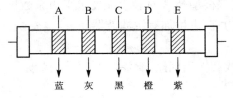

如色环:A-蓝色;B-灰色;C-黑色;D-橙色;E-紫色;则该电阻标称值及精度为:
$$680 \times 10^3 = 680k\Omega \quad 精度:\pm 0.1\%$$

附录四 放大器干扰、噪声抑制和自激振荡的消除

放大器的调试一般包括调整和测量静态工作点,调整和测量放大器的性能指标如放大倍数、输入电阻、输出电阻和通频带等。由于放大电路是一种弱电系统,具有很高的灵敏度,因此,很容易受到外界和内部一些无规则信号的影响。也就是在放大器的输入端短路时,输出端仍有杂乱无规则的电压输出,这就是放大器的噪声和干扰电压。另外,由于安装、布线不合理,负反馈太深以及各级放大器共用一个直流电源造成级间耦合等,也能使放大器没有输入信号时,有一定幅度和频率的电压输出,例如收音机的尖叫声或"突突"的汽船声,这就是放大器发生了自激振荡。噪声、干扰和自激振荡的存在都妨碍了对有用信号的观察和测量,严重时放大器将不能正常工作。所以,只有抑制干扰、噪声和消除自激振荡,才能进行正常的调试和测量。

一、干扰和噪声的抑制

把放大器输入端短路,在放大器输出端仍可测量到一定的噪声和干扰电压。其频率如果是50Hz(或100Hz),一般称为50Hz交流声。有时是非周期性的,没有一定规律,可以用示波器观察到如附图4-1所示波形。50Hz交流声大都来自电源变压器或交流电源线,100Hz交流声往往是由于整流滤波不良所造成的。另外,由电路周围的电磁波干扰信号引起的干扰电压也是常见的。由于放大器的放大倍数很高(特别是多级放大器),只要在它的前级引进一点微弱的干扰,经过几级放大,在输出端就可以产生一个

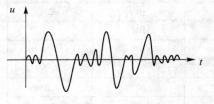

附图4-1 波形

很大的干扰电压。还有,如果电路中的地线接得不合理也会引起干扰。

抑制干扰和噪声的措施一般有以下几种。

1. 选用低噪声的元器件。

选用如噪声小的集成运放和金属膜电阻等,另外可加低噪声的前置差动放大电路。由于集成运放内部电路复杂,因此,它的噪声较大。即使是"极低噪声"的集成运放,也不如某些噪声小的场效应对管,或双极型超β对管。在要求噪声系数极低的场合,以挑选噪声小对管组成前置差动放大电路为宜,也可加有源滤波器。

2. 合理布线。

放大器输入回路的导线和输出回路、交流电源的导线要分开,不要平行铺设或捆扎在一起,以免相互感应。

3. 屏蔽。

小信号的输入线可以采用具有金属丝外套的屏蔽线,外套接地。整个输入级用单独金属盒罩起来,外罩接地。电源变压器的初、次级之间加屏蔽层。电源变压器要远离放大器前

级,必要时可以把变压器也用金属盒罩起来,以利隔离。

4. 滤波。

为防止电源串入干扰信号,可在交(直)流电源线的进线处加滤波电路。附图 4-2a)、b)、c)所示的无源滤波器可以滤除天电干扰(雷电等引起)和工业干扰(电机、电磁铁等设备起、制动时引起)等干扰信号,而不影响 50Hz 电源的引入。图中,电感、电容元件,一般 L 为几毫亨到几十毫亨,C 为几千皮法。附图 4-2d)中阻容串联电路对电源电压的突变有吸收作用,以免其进入放大器。R 和 C 的数值可选 100Ω 和 $2\mu F$ 左右。

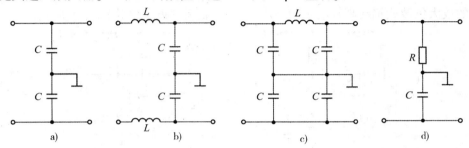

附图 4-2   滤波电路

5. 选择合理的接地点。

在各级放大电路中,如果接地点安排不当,也会造成严重的干扰。例如附图 4-3 中,同一台电子设备的放大器,由前置放大级和功率放大级组成。当接地点如图中实线所示时,功率级的输出电流是比较大的,此电流通过导线产生的压降与电源电压一起作用于前置级,引起扰动甚至产生振荡。还因负载电流流回电源时,造成机壳(地)与电源负端之间电压波动,而前置放大级的输入端接到这个不稳定的"地"上,会引起更为严重的干扰。如将接地点改成图中虚线所示,则可以克服上述弊端。

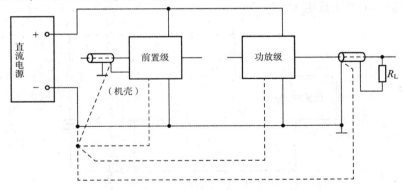

附图 4-3   合理接地点选择

二、自激振荡的消除

检查放大器是否发生自激振荡,可以把输入端短路,用示波器(或毫伏表)接在放大器的输出端进行观察,如附图 4-4 所示波形。自激振荡和噪声的区别是:自激振荡的频率一般为比较高的或极低的数值,而且频率随着放大器元件参数不同而改变(甚至拨动一下放

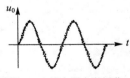

附图 4-4   放大器自激振荡

大器内部导线的位置,频率也会改变);振荡波形一般是比较规则的,幅度也较大,往往使三极管处于饱和和截止状态。

高频振荡主要是由于安装、布线不合理引起的。例如输入和输出线靠得太近,产生正反馈作用。对此应从安装工艺方面解决,如元件布置紧凑、接线要短等。也可以用一个小电容(例如 1000pF 左右)一端接地,另一端逐级接触管子的输入端,或电路中合适部位,找到抑制振荡的最灵敏的一点(即电容接此点时,自激振荡消失),在此处外接一个合适的电阻电容或单一电容(一般 100pF ~ 0.1μF,由试验决定),进行高频滤波或负反馈,以压低放大电路对高频信号的放大倍数或移动高频电压的相位,从而抑制高频振荡,如附图 4-5 所示。

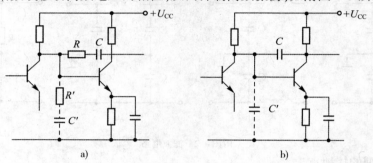

附图 4-5　抑制高频振荡

低频振荡是由于各级放大电路共用一个直流电源所引起,如附图 4-6 所示。因为电源总有一定的内阻 R_0,特别是电池用的时间过长或稳压电源质量不高,使得内阻 R_0 比较大时,则会引起 U''_{cc} 处电位的波动,U'_{cc} 的波动作用到前级,使前级输出电压相应变化;经放大后使波动更加厉害,如此循环就会造成振荡。最常用的消除办法是在放大电路各级之间加上"去耦电路",如图中的 R 和 C,从电源方面使前后级减小相互影响。去耦电路 R 的值一般为几百欧,电容 C 选几十微法或更大一些。

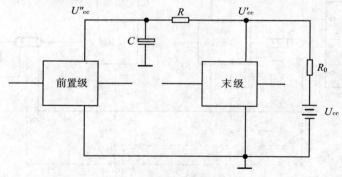

附图 4-6　消除低频振荡

附录五　芯片管脚及功能介绍

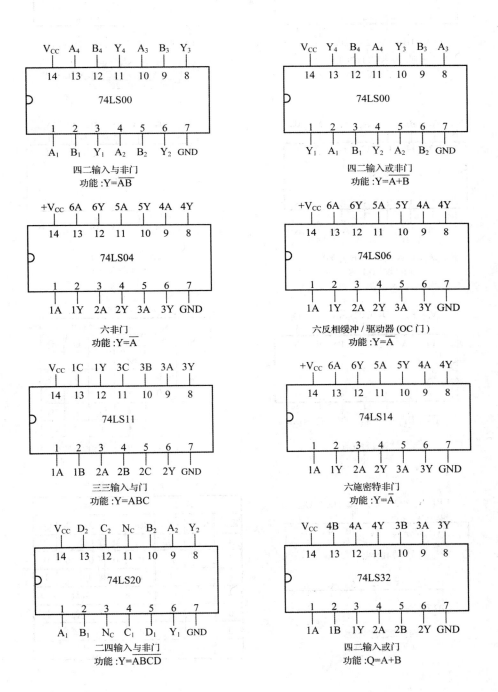

74LS00 四二输入与非门 功能:Y=$\overline{AB}$	74LS00 四二输入或非门 功能:Y=$\overline{A+B}$
74LS04 六非门 功能:Y=$\overline{A}$	74LS06 六反相缓冲/驱动器(OC门) 功能:Y=$\overline{A}$
74LS11 三三输入与门 功能:Y=ABC	74LS14 六施密特非门 功能:Y=$\overline{A}$
74LS20 二四输入与非门 功能:Y=$\overline{ABCD}$	74LS32 四二输入或门 功能:Q=A+B

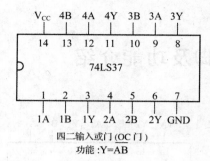

四二输入或门（OC门）
功能：Y=AB

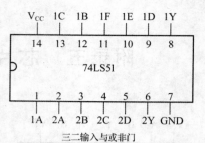

三二输入与或非门
功能： $1Y=\overline{1A \cdot 1B \cdot 1C+1D \cdot 1E \cdot 1F}$
$2Y=\overline{2A \cdot 2B+2C \cdot 2D}$

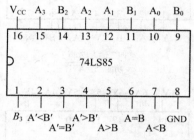

其中：A'<B'、A'=B'、A'>B'为级连输入
四位数字比较器

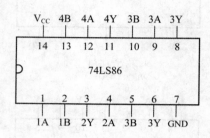

四二输入异或门
功能：Y=A⊕B

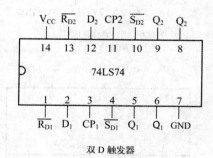

双D触发器

74LS74 功能表

输入				输出	
$\overline{S_D}$	$\overline{R_D}$	CP	D	Q	$\overline{Q}$
0	1	×	×	1	0
1	0	×	×	0	1
0	0	×	×	0	1
1	1	↑	1	1	0
1	1	↑	0	0	1
1	1	0	×	保持	

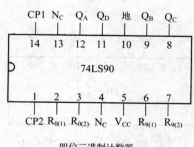

四位二进制计数器
（可预置"0""9"）

74LS90 功能表

输入				输出			
$R_{0(1)}$	$R_{0(2)}$	$R_{9(1)}$	$R_{9(2)}$	Q_D	Q_C	Q_B	Q_A
1	1	0	×	0	0	0	0
1	1	×	0	0	0	0	0
×	×	1	1	1	0	0	1
×	0	×	0	计数			
0	×	0	×	计数			
0	×	×	0	计数			
×	0	0	×	计数			

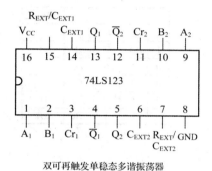

双 JK 触发器

74LS112 功能表

输入					输出	
S_d	R_d	CP	J	K	Q	$\overline{Q}$
0	1	×	×	×	1	0
1	0	×	×	×	0	1
0	0	×	×	×	1	1
1	1	↓	0	0	保持	
1	1	↓	1	0	1	0
1	1	↓	0	1	0	1
1	1	↓	1	1	计数	
1	1	1	×	×	保持	

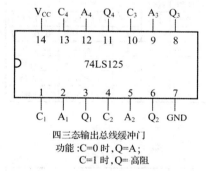

双可再触发单稳态多谐振荡器

74LS123 功能表

输入			输出	
Cr	A	B	Q	$\overline{Q}$
0	×	×	0	1
×	1	×	0	1
×	×	0	0	1
1	0	↑	⊓	⊔
1	↑	1	⊓	⊔
↑	0	1	⊓	⊔

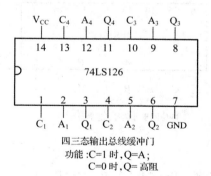

四三态输出总线缓冲门
功能 :C=0 时,Q=A;
C=1 时,Q=高阻

四三态输出总线缓冲门
功能 :C=1 时,Q=A;
C=0 时,Q=高阻

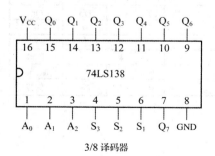

3/8 译码器

74LS138   3/8 译码器的功能

S_1=0 或 S_2=S_3=1 时, Q_0-Q_7 均为高电平

S_1=1 及 S_2=S_3=1 时, $A_0A_1A_2$ 的 8 种组合状态分别在 Q_0-Q_7 端译码输出

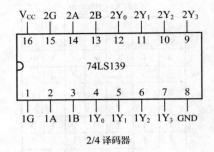

2/4 译码器

74LS139			2/4 译码器的功能			
G	B	A	Y_0	Y_1	Y_2	Y_3
1	Φ	Φ	1	1	1	1
0	0	0	0	1	1	1
0	0	1	1	0	1	1
0	1	0	1	1	0	1
0	1	1	1	1	1	0

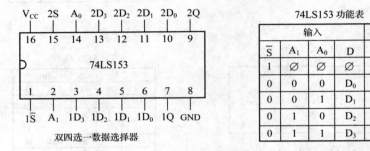

双四选一数据选择器

74LS153 功能表

输入				输出
$\overline{S}$	A_1	A_0	D	Q
1	$\varnothing$	$\varnothing$	$\varnothing$	0
0	0	0	D_0	D_0
0	0	1	D_1	D_1
0	1	0	D_2	D_2
0	1	1	D_3	D_3

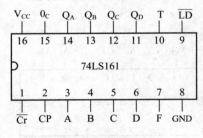

四位同步可预置二进制计数器

74LS161 功能表（模十六）

清零	使能		置数	时钟	数据	输出
$\overline{Cr}$	P	T	$\overline{LD}$	CP	D C B A	$Q_D Q_C Q_B Q_A$
0	×	×	×	↑	× × × ×	0 0 0 0
1	×	×	0	↑	d c b a	d c b a
1	1	1	1	↑	× × × ×	计数
1	1	×	1	×	× × × ×	保持
1	×	0	1	×	× × × ×	保持

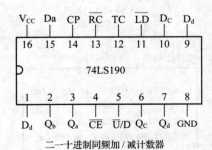

二一十进制同频加/减计数器

74LS190 功能表

置数	加/减	片选	时钟	数据	输出
$\overline{LD}$	$\overline{U}/D$	$\overline{CE}$	CP	Dn	Qn
0	×	×	×	0	0
0	×	×	×	1	1
1	0	0	↑	×	加计数
1	1	0	↑	×	减计数
1	×	0	1	×	保持

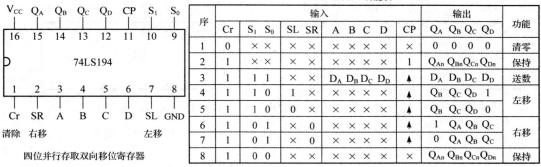

74LS194 功能表

四位并行存取双向移位寄存器

序	输入											输出				功能
	Cr	S_1	S_0	SL	SR	A	B	C	D	CP		Q_A	Q_B	Q_C	Q_D	
1	0	×	×	×	×	×	×	×	×	×		0	0	0	0	清零
2	1	×	×	×	×	×	×	×	×	1		Q_{An}	Q_{Bn}	Q_{Cn}	Q_{Dn}	保持
3	1	1	1	×	×	D_A	D_B	D_C	D_D	↑		D_A	D_B	D_C	D_D	送数
4	1	1	0	1	×	×	×	×	×	↑		Q_B	Q_C	Q_D	1	左移
5	1	1	0	0	×	×	×	×	×	↑		Q_B	Q_C	Q_D	0	
6	1	0	1	×	0	×	×	×	×	↑		1	Q_A	Q_B	Q_C	右移
7	1	0	1	×	0	×	×	×	×	↑		0	Q_A	Q_B	Q_C	
8	1	0	0	×	×	×	×	×	×	×		Q_{An}	Q_{Bn}	Q_{Cn}	Q_{Dn}	保持

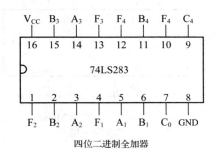

四位二进制全加器

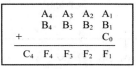

74LS283 功能

$$
\begin{array}{cccc}
A_4 & A_3 & A_2 & A_1 \\
B_4 & B_3 & B_2 & B_1 \\
+ & & & C_0 \\
\hline
C_4\ F_4 & F_3 & F_2 & F_1
\end{array}
$$

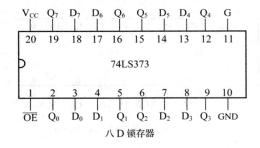

八 D 锁存器

74LS373 功能表

输入			输出
$\overline{OE}$	G	D	Q
0	1	1	1
0	1	0	0
0	0	×	Q_0
0	×	×	高阻

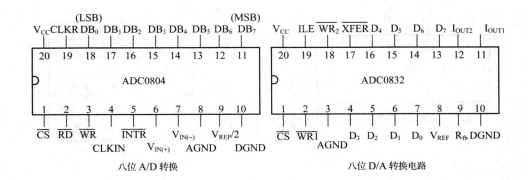

八位 A/D 转换   八位 D/A 转换电路

111

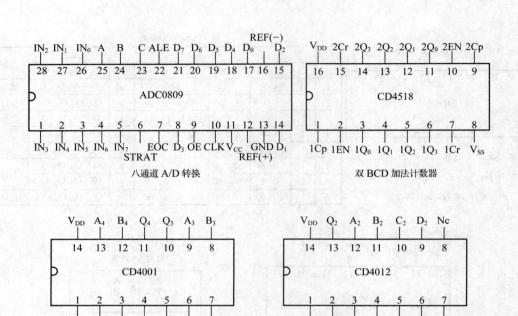

IN₂ IN₁ IN₀ A B C ALE D₇ D₆ D₅ D₄ D₀ REF(−) D₂

28 27 26 25 24 23 22 21 20 19 18 17 16 15

ADC0809

1 2 3 4 5 6 7 8 9 10 11 12 13 14

IN₃ IN₄ IN₅ IN₆ IN₇ EOC D₃ OE CLK V_CC GND D₁
STRAT REF(+)

八通道 A/D 转换

V_DD 2Cr 2Q₃ 2Q₂ 2Q₁ 2Q₀ 2EN 2Cp

16 15 14 13 12 11 10 9

CD4518

1 2 3 4 5 6 7 8

1Cp 1EN 1Q₀ 1Q₁ 1Q₂ 1Q₃ 1Cr V_SS

双 BCD 加法计数器

V_DD A₄ B₄ Q₄ Q₃ A₃ B₃

14 13 12 11 10 9 8

CD4001

1 2 3 4 5 6 7

A₁ B₁ Q₁ Q₂ A₂ B₂ V_SS

四 2 输入或非门 (CMOS)
功能 :$Q=\overline{A+B}$

V_DD Q₂ A₂ B₂ C₂ D₂ Nc

14 13 12 11 10 9 8

CD4012

1 2 3 4 5 6 7

Q₁ A₁ B₁ C₁ D₂ N₂ V_SS

二 4 输入与非门 (CMOS)
功能 :$Q=\overline{ABCD}$

V_DD 2Q 2Q̄ 2CP 2R 2D 2S

14 13 12 11 10 9 8

CD4013

1 2 3 4 5 6 7

1Q 1Q̄ 1CP 1R 1D 1S V_SS

双 D 触发器 (CMOS)

V_DD 2Q 2Q̄ 2CP 2R 2K 2J 2S

16 15 14 13 12 11 10 9

CD4027

1 2 3 4 5 6 7 8

1Q 1Q̄ 1CP 1R 1K 1J 1S V_SS

双 J-K 主从触发器 (CMOS)

V_CC T_D TH CO

8 7 6 5

555

1 2 3 4

地 TR OUT R_d

555 定时器

555 定时器功能表

	输入			输出	
阈值 TH	触发 TR	复位 R_d	放电 T_D	OUT	
×	×	0	0	导通	
$< \frac{2}{3} V_{CC}$	$< \frac{1}{3} V_{CC}$	1	1	截止	
$> \frac{2}{3} V_{CC}$	$> \frac{1}{3} V_{CC}$	1	0	导通	
$< \frac{2}{3} V_{CC}$	$> \frac{1}{3} V_{CC}$	1	不变	不变	

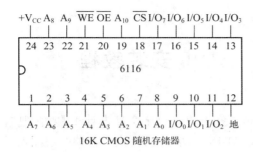

16K CMOS 随机存储器

CS	OE	WE	I/O$_0$—I/O$_7$	
0	0	1		读出
0	1	0		写入
1	×	×		高阻

6116 功能表

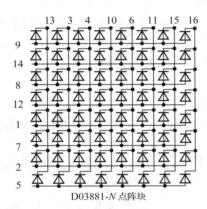

D03881-N 点阵块

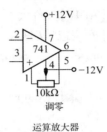

调零

运算放大器

附录六　AD18 安装教程

AD18 简介：AD18 是一款出自 Altium 公司的专业化产品设计工具，它把电子产品开发需要的工具全部整合一个应用软件中。AD18 功能全面，提供了各种原理图设计、电路仿真、PCB 绘制编辑、拓扑逻辑自动布线、信号完整性分析和设计输出等功能。

Altium Designer 18（32/64 位）下载地址：pan. baidu. com/s/1DBoeyBsFl3XlrKRO8mEDVQ。
提取码：xesf。

1. 选中【AD18】压缩包，鼠标右键单击选择【解压到 AD18】。

2. 双击打开【AD18】文件夹。

3. 双击打开【安装包】文件夹。

4. 选中【AltiumDesigner18Setup】可执行文件，鼠标右键单击选择【以管理员身份运行】。

5. 点击【Next】。

6. 点击下拉菜单选择【Chinese】，勾选【I accept the agreement】，单击【Next】。

7. 单击【Next】。

8. 单击文件夹图标更改软件的安装目录，建议安装在除 C 盘之外的磁盘，可在 D 盘或其他盘新建一个【AD18】的文件夹。

9. 单击文件夹图标更改软件的共享目录，建议安装在除 C 盘之外的磁盘，可在 D 盘或其他盘新建一个【SharedAD18】的文件夹，然后单击【下一步】。

10. 单击【Next】。

11. 软件安装中。

12. 取消勾选，单击【Finish】。

13. 双击打开之前解压得到的【AD18】文件夹，并打开里面的【AD18 和谐包】文件夹。

14. 选中【Fhfolder】文件，鼠标单击选择【复制】。

15. 在开始菜单找到【Altium Designer】，用鼠标点住不放，往桌面拖动即可创建桌面快捷方式。

16. 选中【Altium Designer】图标，鼠标右键单击选择【打开文件所在的位置】。

17. 在空白处鼠标右键单击选择【粘贴】。

18. 双击打开【Altium Designer】。

19. 单击【Add standalone license file】，如附图 6-1 所示。

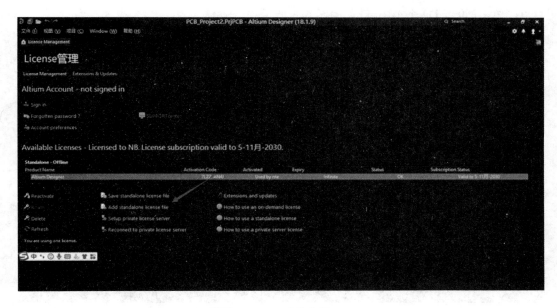

附图 6-1　AD18 安装流程(一)

20.找到解压后的【AD18】文件夹,打开里面的【AD 和谐包】文件夹,再打开【Licenses】文件夹,随意选择一个文件,然后单击【打开】,如附图 6-2 所示。

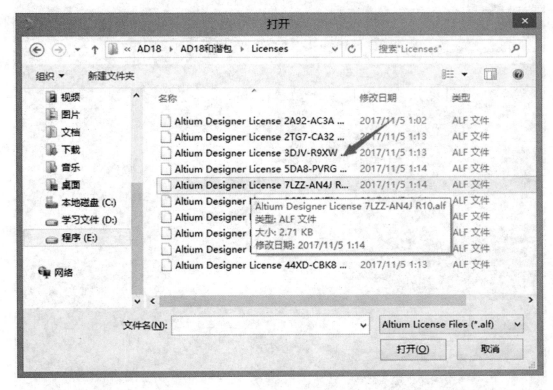

附图 6-2　AD18 安装流程(二)

21. 单击【设置】这个小图标，如附图 6-3 所示。

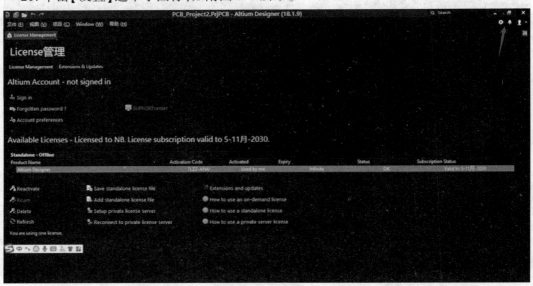

附图 6-3　AD18 安装流程(三)

22. 勾选【Use localized resources】(使用本地资源)，然后单击【OK】(确定)，如附图 6-4 所示。

附图 6-4　AD18 安装流程(四)

23. 单击【OK】（确定），如附图 6-5 所示。

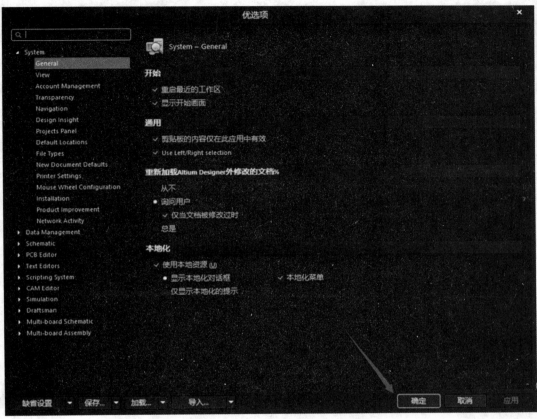

附图 6-5　AD18 安装流程（五）

24. 重启软件，软件安装完成。

附录七 AD18 设计参考电路图

1. 矩形波信号发生电路(附图 7-1)。

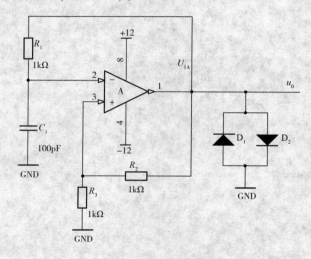

附图 7-1　矩形波信号发生电路

2. 三角波信号发生电路(附图 7-2)。

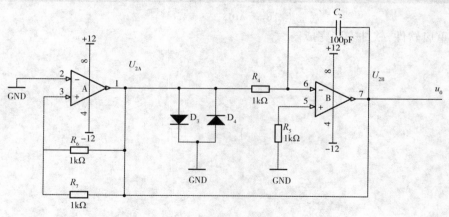

附图 7-2　三角波信号发生电路

3. 锯齿波信号发生器(附图 7-3)。

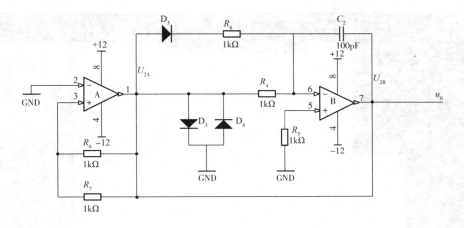

附图 7-3　锯齿波信号发生电路

4.正弦波振荡电路。

（1）新建工程（附图 7-4）。

单击【文件】,选择【新的…】→【项目】→【PCB 工程】。

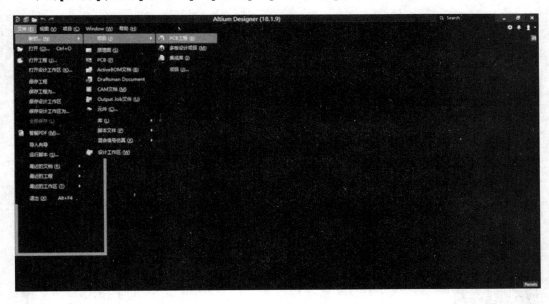

附图 7-4　新建工程

（2）新建原理图（附图 7-5）。

单击【文件】,选择【新的…】→【原理图】。

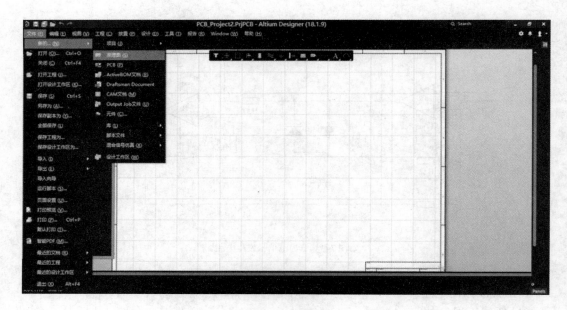

附图 7-5　新建原理图

（3）保存（原理图和工程文件都要保存）（附图 7-6）。
单击【文件】，选择【保存】。

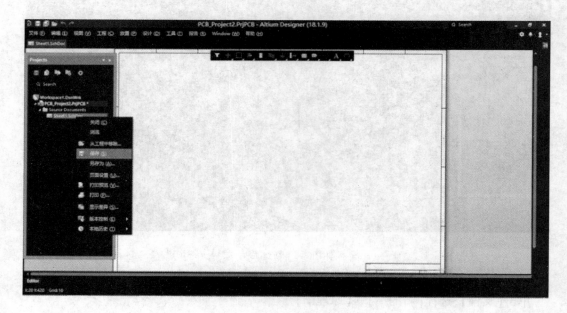

附图 7-6　保存

（4）添加元件（附图 7-7）。

单击元件（res 为电阻、cap 为电容、op 为运效），按空格可旋转元件。

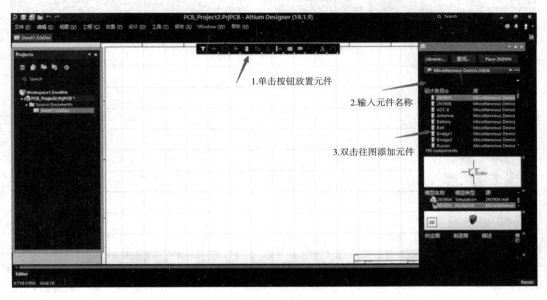

附图 7-7　添加元件

（5）元件摆放（附图 7-8）。

单击元件可以拖动，然后按照所给电路图摆放。

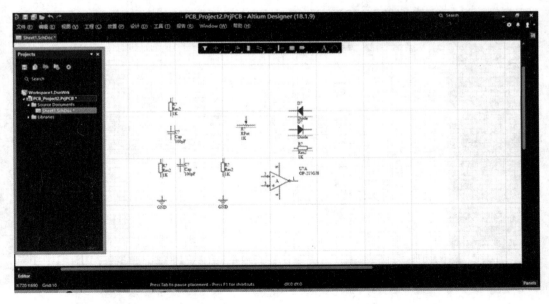

附图 7-8　元件摆放

（6）连线（附图7-9）。

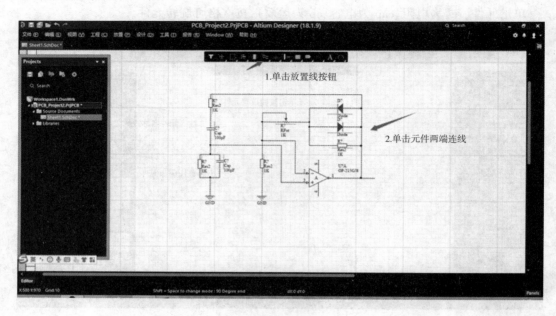

附图7-9　连线

（7）放置电源（附图7-10）。
右键单击电源按钮会有不同数值电压，或者双击可修改数值。

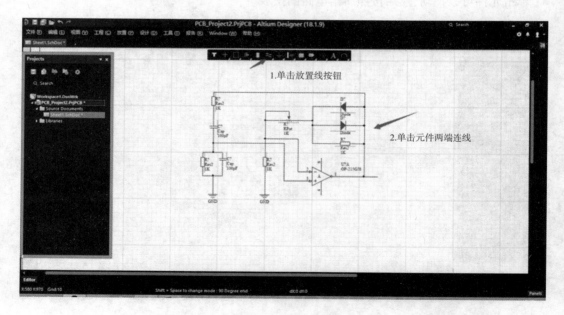

附图7-10　放置电源

（8）标注（附图7-11）。

单击【工具】，选择【标注】→【原理图标注】。

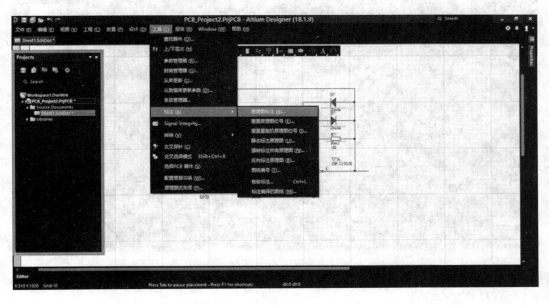

附图7-11　标注

（9）单击更新更改列表（附图7-12、附图7-13）。

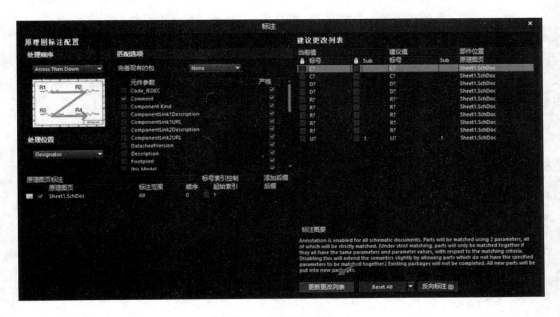

附图7-12　更新更改列表（一）

附图 7-13　更新更改列表(二)

(10)最后保存即可。

附录八　电子元器件焊接工艺规范

一、目的

规范电子元器件手工焊接操作,提高设计产品质量,保证设计过程工具使用安全。

二、手工焊接工具要求

1. 焊锡丝的选择要求。

(1)直径为 1.0mm 的焊锡丝,用于铜插孔焊接、焊片和 PCB 板的注锡、一些较大元器件的焊接。

(2)直径为 0.8mm 的焊锡丝,用于普通类电子元器件焊接。

(3)直径为 0.6mm 的焊锡丝,用于贴片及较小型电子元器件焊接。

2. 电烙铁的功率选用要求。

(1)焊接常规电子元器件及其他受热易损件的元件时,考虑选用 35W 内热式电烙铁。

(2)焊接导线、铜插孔、焊片以及 PCB 板镀锡时,要选用 60W 的内热式电烙铁。

(3)拆卸一些电子元器件及热缩管热缩时,考虑选用热风枪。

3. 电烙铁使用注意事项。

(1)新的电烙铁在使用之前必须先蘸上一层锡(给电烙铁通电,然后用焊锡丝靠近经过一定加热时间的电烙铁头部);如果电烙铁使用久了,应将其头部锉亮,然后通电加热升温,并将电烙铁头部蘸上一点儿松香,待松香冒烟时再上一层锡。

(2)电烙铁通电后,不用时应放在电烙铁架上,但较长时间不用时应切断电源,防止高温"烧死"电烙铁头部(被氧化)。要防止电烙铁烫坏其他元器件,尤其是电源线,若其绝缘层被电烙铁烧坏,容易引发安全事故。

(3)不要猛力敲打电烙铁,以免震断电烙铁内部电热丝或引线,而引发故障。

(4)电烙铁使用一段时间后,可能在电烙铁头部留有锡垢,在电烙铁加热的条件下,可以用湿布轻擦。如有凹坑或氧化块出现,应用细纹锉刀修复或者直接更换电烙铁头。

三、电子元器件的安装

1. 元器件引脚折弯及整形的基本要求。

手工弯引脚可以借助镊子或小螺丝刀对引脚整形。所有元器件引脚均不得从根部弯曲,一般应留 1.5mm 以上;电阻、二极管及其类似元件,要将引脚弯成与元件呈垂直状,再进行装插。

2. 元器件插装要求。

(1)电子元器件插装要求做到整齐、美观、稳固,元器件应插装到位,无明显倾斜、变形现象。同时,应方便焊接和有利于元器件焊接时的散热。

(2)电阻、二极管及其类似元件与线路板平行,要尽量将有字符的元器件一面置于容易观察的位置。

(3)电容、三极管、电感、可控硅及类似元件要求引脚垂直安装,元件与线路板垂直。

(4)集成电路、集成电路插座装插件时注意引脚顺序不能插反且安装应到位,元件与线路板平行。

(5)有极性的元件在装插时要注意极性,不能将极性装反。

(6)相同元件安装时要求高度统一,手工插焊遵循先低后高、先小后大的原则。

(7)安装过程中,手只能拿电路板边缘无电子元器件处,不能接触电子元器件引脚,防止静电释放造成元件损坏。

四、元器件焊接要求

(1)电烙铁通电前先检查是否漏电,确保完好后,再通电预热。电烙铁达到规定的温度后进行焊接。若焊接对静电释放敏感型器件,电烙铁应良好接地。

(2)首先依据设计图纸检验 PCB 面板是否符合设计要求;要求 PCB 面板表面光滑,无划伤断裂等现象存在;要求 PCB 面板平整无变形现象存在。

(3)装插件前检查电子元件表面有无氧化,应保证装插到线路板上的电子元件无氧化现象存在;严格检验领取的电子元件型号、参数保证符合设计要求。

(4)焊接掌握好焊接时间,一般元件在 2~3s 的时间焊完,较大的焊点在 3~4s 的时间焊完。当一次焊接不完时,要等一段时间,在元件冷却后再进行二次焊接。

(5)焊点要求圆滑光亮,大小均匀呈圆锥形。不能出现虚焊、假焊、漏焊、错焊、连焊、包焊、堆焊、拉尖现象。

(6)表面氧化的元器件或电路板焊接前要将表面清除干净,上锡处理后再进行焊接。导线焊接时,表面要上锡处理。

(7)助焊剂不能使用过多,焊接表面应清洁,不能有残渣存在。

(8)PCB 面板焊接不允许有铜箔翘起断裂现象,短接线焊接时要做好绝缘处理。防止出现短路现象。插针插头与导线焊接时,应套好热缩管。

(9)焊接集成电路时应戴好防静电手环,以免损坏器件。

(10)焊接完必须认真检查,确保焊接正确。

(11)桌面工具、元器件、电路板摆放有序。

(12)注意人身安全和器件安全。小心被电烙铁烫伤或划伤,小心电线被电烙铁烫坏造成短路,或线路外漏当心触电。

附录九　智能抢答器设计

一、实践目的

1. 掌握智能抢答器的工作原理。
2. 学习 PCB 面板实操制作流程。

二、焊接电路板所用材料

集成芯片 CC4011BE,3 片;
集成芯片 CC4012BE,2 片;
发光二极管,4 个;
电阻 1kΩ, 2 个;
电阻 360Ω, 4 个;
电动开关,5 个;
5V 电源,1 个。

三、设计任务

设计制作四位智能抢答器,功能要求:当四个按钮开关中的任何 1 个开关按下时,对应的发光二极管开始发光,此时其他三个按钮开关无效,若按下复位开关,可以复位。

四、抢答器工作原理

抢答器工作原理如附图 9-1 所示。

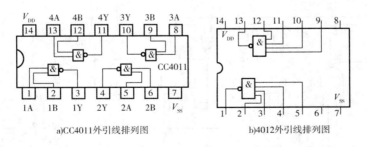

a)CC4011外引线排列图　　　　b)4012外引线排列图

附图 9-1　工作原理

该四路抢答器的控制部分由 CC4011BE、CC4012BE、抢答开关和复位开关组成。

CC4011BE 主要作用是提供四个双输入的与非门,与非门的逻辑状态是:当两输入端电位同时为高电平时,输出端电位为低电平。当任一输入端电位为低电平时,输出端电位为高电平。

CC4012BE 主要作用是提供两个四输入的与非门,与非门的逻辑状态是:当四个输入端电位同时为高电平时,输出端电位为低电平。当任一输入端电位为低电平时,输出端电位为高电平(默认高电平用 1 表示,低电平用 0 表示)。

抢答器工作原理:双输入与非门 1、4、5 和 8 的输出端电位均为 1。四输入端与非门 10、11、12 和 13 的四个输入端口的逻辑电平均为 1、1、1 和 0,输出端电位均为 1。与非门 2、3、6 和 7 的输出端电位均为 0,发光二极管 1、2、3 和 4 灯均不发光。

以发光二极管 1 灯为例。当按下点动开关 K_1 时,与非门 10 的四个输入端的电位均为 1,输出端电位为 0,则与非门 2 的输出端电位为 1、与非门 1 的输出端电位由 1 变为 0,与非门 2 的输出端电位保持为 1,与非门 1 和 2 实现自锁,发光二极管 1 灯保持常亮。松开电动开关 K_1 时,与非门 10 的四个输入端的电位为 1、1、1 和 0,输出端电位由 0 变为 1,与非门 2 的输出端电位保持不变,发光二极管 1 灯保持常亮。

再次按下点动开关 K_1 时,与非门 2 的输出端电位保持不变,发光二极管 1 灯的状态不发生变化。由于与非门 1 的输出端电位由 1 变为 0,则与非门 11、12、13 的四个输入端电位为 1、1、0 和 0,任意按下点动开关 K_2、K_3 和 K_4 其中任意一个,与非门 11、12、13 的四个输出端电位均为 1,与非门 3、6 和 7 的输出端电位为 0,由于互锁的存在,发光二极管 2、3 和 4 等均不发光。

复位工作原理:

当按下复位开工 K 时,与非门 1、4、5 和 8 的一输入端电位为 0 时,则输出端电位为 1,又因为与非门 10、11、12 和 13 的输出端均为 1,所以与非门 2、3、6 和 7 的输出端电位为 0,发光二极管 1 熄灭。为下一轮抢答做准备,其余三只灯的工作原理和 1 灯的工作原理相同。

五、设计电路图(参考电路)

逻辑图如附图 9-2 所示。

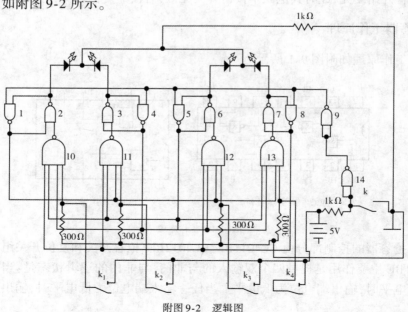

附图 9-2　逻辑图

芯片管脚连接图如附图9-3所示。

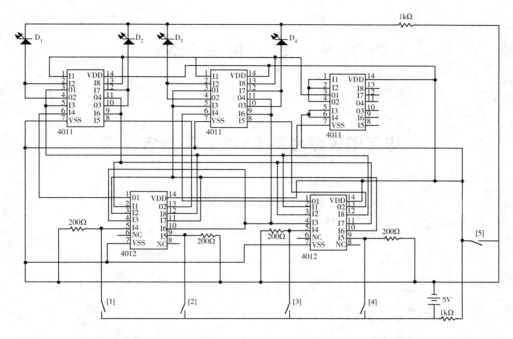

附图9-3　芯片管脚连接图

六、设计要求

设计电路图能够实现实验所要求的设计任务和功能。

附录十　实习报告示例

电工电子综合实践学生实习报告

实验课程名称＿＿＿＿＿＿＿＿＿电工电子综合实践＿＿＿＿＿＿＿＿＿

开 课 实 验 室＿＿＿＿＿＿＿机电自动控制实验室＿＿＿＿＿＿＿

学　　　　院＿＿＿＿＿年级＿＿＿＿＿专业班＿＿＿＿＿

学 生 姓 名＿＿＿＿＿学号＿＿＿＿＿

开 课 时 间＿＿＿＿＿至＿＿＿＿＿学年第＿＿＿＿＿学期

总 成 绩	
教师签名	

四位智能抢答器设计与制作

一、实习目的

1. 培养学生电路设计和动手能力。
2. 学会分析电路、调试电路方法。
3. 掌握集成电路运用方法。

二、实习任务

在给定材料下设计制作四位智能抢答器。

功能要求：当四个按钮开关中的任何一个开关按下时，对应的发光二极管开始发光，此时其他三个按钮开关无效，若按下复位开关，可以复位。

三、阐述电路设计原理（电路原理图）

四、电路板元件清单

五、电路板布线图

六、成果展示（焊接电路板两面均要拍照）

七、实习总结（重点描述实习过程遇到的问题、怎样解决的、实习收获）

格式要求：标题宋体 4 号，其余部分宋体 5 号，行间距 20 磅。

责任编辑：周　凯　郭红蕊
封面设计：王红锋

电工与电子技术
实验指导书
（第2版）

ISBN 978-7-114-16801-7

网上购书 // www.jtbook.com.cn
定价：29.00元